成就软装大师

——进入软装世界的必读宝典

王绍仪 李继东 编著

编委会主任：王　汉
主编：王绍仪　李继东
编委：王绍仪　李继东　向天玉　张晶晶
赵　阳　张　浩　崔玛莉

廣東省出版集團
广东科技出版社
·广　州·

图书在版编目（CIP）数据

成就软装大师：进入软装世界的必读宝典/王绍仪，李继东主编. —广州：广东科技出版社，2013.8（2014.2重印）
ISBN 978-7-5359-6253-9

Ⅰ. ①成… Ⅱ. ①王… ②李… Ⅲ. ①室内装饰设计—基本知识 Ⅳ. ①TU238

中国版本图书馆CIP数据核字（2013）第067938号

成就软装大师——进入软装世界的必读宝典
CHENGJIU RUANZHUANG DASHI——JINRU RUANZHUANG SHIJIE DE BIDU BAODIAN

策　　划：李　鹏
责任编辑：谢慧文　李　鹏
责任校对：陈　静
责任印制：何小红
装帧设计：友间文化
出版发行：广东科技出版社
（广州市环市东路水荫路11号　邮政编码：510075）
http：//www.gdstp.com.cn
E-mail：gdkjyxb@gdstp.com.cn（营销中心）
E-mail：gdkjzbb@gdstp.com.cn（总编办）
经　　销：广东新华发行集团股份有限公司
印　　刷：广州市岭美彩印有限公司
（广州市荔湾区花地大道南海南工商贸易区A幢　邮政编码：510385）
规　　格：787mm×1 092mm　1/24　印张8　字数160千
版　　次：2013年8月第1版
2014年2月第2次印刷
定　　价：58.00元

序1 Preface

总括本人二十四年的室内设计生涯，充分了解到设计源自于创意，而创意则源自于见微知著。过去当我们在项目中碰到比较难处理的建筑空间或屋宇结构等硬装有很大的局限性或不能过分修改时，作为室内设计师的我就会从软装着手，充分发挥自己的小宇宙，打造合乎客户需求和富有创意的空间。故此软装可以成为室内设计师尽情发挥创意的舞台。本书凭借趣味盎然的文字及精美的插图，深入浅出地解释了室内设计软装的核心——“气”之所在，并提供了不少改善软装设计的方法。阅读之后，令我获益良多。

作为业界首本软装设计书，作者突破了传统的创意框架，充分展现出崭新的思维模式；除了分享自己在软装设计的技巧和经验，更为读者提供了一个全新思考空间。祈望此书能促使社会公众开始了解室内软装设计，并能开拓室内软装设计的新领域。

李耀華

香港设计师协会主席

序2

Preface

近年来，举国上下大兴土木，城镇化建设方兴未艾，高楼大厦在各地拔地而起，华庭商厦鳞次栉比，亿万富翁的豪华别墅也比比皆是。外壳有了，总不能是徒有其表，囊中无实吧。怎样把内部空间打扮得更美观、实用、有格调、有品位，实际上也就是室内空间美的再创造的问题，这巨量的工作正等待人们去完成。通过设计，精心陈设在建筑物空间中所有可移动元素的总和，现在我们统称为“软装”。

纵观人类社会发展史，人们满足基本生活后，就不断追求物质和文化的享受。考古发现，远古人类，在穴居时代，就有原始的装饰意识。在过去几千年的农耕时代，我们的祖先对室内摆设也是非常讲究的，看过《红楼梦》的人就知道，那大观园里的“软装”绝对是一流，尽管当时曹老先生还不知道“软装”一词为何物。

“软装”一词的来源，首先是相对于建筑本身的硬结构而言的，是建筑视觉空间的延伸和发展，既依附于建筑空间而存在，又是渗透互补的。一个令人赏心悦目的软装设计，是与建筑风格相协调，与功能需要相匹配的。而且根据主人的文化背景，对美好生活的憧憬，各种风情的创意。“软装”之于室内环境，犹如公园里的花草树木、山、石、小溪、曲径、水榭，是赋予室内空间生机与精神价值的重要元素，它能起烘托气氛、创造意境、丰富空间层次、强化环境风格、调节色彩等作用。设计师们还通过饰品、艺术品、收藏品等的陈列设计，赋予空间更多的文化内涵。毋庸置疑，“软装”是建筑物中锦上添花的部分。

软装的元素包括家具、装饰画、陶瓷、花艺绿植、窗帘布艺、灯饰、装饰摆件等；软装的范畴包括家庭住宅、商业空间，如酒店、会所、餐厅、酒吧、办公室等等，只要有人类活动的室内空间都需要软装。家居饰品可以根据居室空间的大小形状、主人的生活习惯、兴趣爱好和各自的经济情况，从整体上综合策划家居装修设计方案，而不会千“家”一面。如果家装太陈旧或过时了，需要改变时，也不必花很多钱重新装修或更换家具，软装能呈现出不同的面貌，给人以新鲜的感觉。有人曾形象地将“软装”比喻成能够异化空间、软化环境，让人们回归本源的精灵。

到了当代社会，特别是中国特色社会主义，催生一批富裕阶层。他们把享受当作一种时尚和身份，客观上推动着软装行业的发展。发展至今，一些有档次的大型建筑、楼堂馆所、豪华别墅，从规范的角度看，很多主人都不能独立去完成软装的工作，需要依靠专业的软装公司进行设计，致使软装公司应运而生。

总之，软装是建筑物内涵的延伸，其作用是更好地发挥建筑物的功能，满足人们的需求。一句话，也就是以人为本。但要把一个软装设计做好却非易事，决非是简单的摆设配饰就可成功。它不只是满足功能，还要满足整体的协调一致，包括色彩、风格等。换句话说，要整体完美才算成功。本书只是介绍一些关于软装的初步知识，为有兴趣的人们或打算进入软装行业的朋友起个抛砖引玉的作用。

王绍仪

现任中国插花花艺协会副会长，广东园林学会插花专业委员会主任，广州插花艺术研究会副会长。曾编写《宾馆酒店花艺设计》、《婚礼花艺设计》等九本著作。

序3

Preface

总觉得时间过得很快，一转眼就踏入了2013年的春天，这正是万物生机萌发之际，我们迎来了软装界第一宝典——《成就软装大师》的出版。在此，我谨代表欧申纳斯全体同仁向参与本书辛勤工作的人员，致以深深的谢意!

2012年，欧申纳斯继续担负软装行业领航者的重任。

这一年，我们荣幸地获得了“中国软装十大领军品牌”“中国软装十大品牌”之首，“中国优秀餐饮服务机构”“最具投资价值企业”等荣誉称号。

这一年，我们的客户数量突破了100家，我们参与设计与实施的项目超过500个，主要集中在地产、酒店、会所、餐饮等行业。

这一年，我们全体员工都得到了不同程度的提高和成长，每个人都有不同的收获。

毋庸置疑，我们可敬、可爱、可亲、可信的同事们，也是我们的栋梁，希望将来我们能够永远地在一起，在一起——共谋大业。

“路漫漫其修远兮”，沧海横流方显英雄本色，跨越困难证明我们欧申纳斯是一支同心同德、能征善战的优秀队伍。我要衷心地感谢公司所有同事、感谢与我们同甘共苦的客户朋友、感谢向我们雪中送炭的合作伙伴。未来我们无论多么强大，我们都不会忘记一路相随的同事和尊敬的朋友们!

“感恩之心常在！”我带领欧申纳斯成长至今已7个年头了，深感我们所得成就来之不易，凝聚了众多人的汗水和智慧，是大家成就了欧申纳斯的今天，每一次成长，我都在想如何更好地回报和感恩社会，更好地促进行业发展，为社会及行业尽一力

量。为此，我参与并组建了中山大学博学同学会博爱委员会，为超过100所小学捐赠了中大博学阅览室，让中国贫困地区超过10万个孩子受益。

在软装行业，我们还能做些什么呢？经过精心筹备，欧申纳斯将其所积累的软装知识和设计经验凝练及运营经验，由公司的创始人——拥有40多年丰富设计经验的中国杰出花艺大师、现任中国插花花艺协会副会长、广州插花艺术研究会副会长王绍仪教授牵头主笔，携手拥有20年资深房地产设计师工作经历的李继东先生，以其毕生所学的软装知识及经验和独到眼光看待行业的发展和趋势，从而在不同层面上给与参考和指导意见，编著了这本当今中国软装行业第一本集经营和设计型的软装设计宝典——《成就软装大师》，目标是为所有从事软装行业和即将从事软装行业的人士提供一些意见与心得，为目前尚不明朗的软装行业树立鲜明的标准，为软装产业的未来指路！

希望欧申纳斯真正能成为大家自己的家，将大家凝聚起来，使企业成为大家的价值皈依和精神家园，有国家才有我们的大家，有了大家才有我们的小家。小家、大家、国家，家家相连，产品、企业、品牌，时时在心，真正做到永续经营、基业长青。

广州欧申纳斯软装饰设计有限公司总经理

为你嚼开软装的硬壳

《成就软装大师》是一本入门级的软装饰设计宝典，是进入软装行业的“敲门砖”。作为作者之一，可以说，我们的初衷并没有想以鸿篇巨制的方式建构一门科学或是一个理论，而是希望以一种感性的、甚至是随感的方式，更直接地为有机会遇见这本书的读者提供容易消化的营养。

在《成就软装大师》一书中，我们竭力将软装饰设计入门者所需的基础知识都能涉及，又发现这当中所涵盖的内容实在是太广泛了，其中要求从业者具备极高的审美情趣和专业知识。因此，作为入门级别的软装书籍，我们只能挑选最重要的软装设计原则、最基本的意识和素养，以及最基础且一定实用的技巧方法，用轻松甚至带点调侃的方式传达给读者。

从事软装饰设计及项目管理多年，我也希望将自己的实操经验做出一些总结与归纳，向读者娓娓道来。因为经常遇到初入行的设计师和一些室内设计的媒体问我，软装设计的风格到底是从何说起的？我在书中一再提到找到风格原型的重要性，也就是由此而生，希望大家带着疑问来读，且都能在书里找到心中的答案。因为我们已经在多年的实践中将这些理论和概念多番咀嚼，如今便以故事、案例等多种方式呈现出来，希望有利于读者消化。

除了风格原型，书中还将空间与软装的关系、灯光在软装设计中的重要性，以及从事软装设计所必须掌握的物料知识一一剖析，旨在能为读者指引一条相对好走的路。我们期望能建立起软装设计行业的标准，为处于混沌状态的软装行业指引出一条光明大道。为了入门者能够在学习与工作中更快地上手，踏入软装饰设计的殿堂，我们还附上了一系列精彩的软装设计案例，希望能对大家有所帮助。除了丰富可口的“正餐”，本书还有附送“甜品”。“软装的那些事”中的内容令人大开眼界，我们给大家“史话软装”，还讲述种种风格原型的故事。尝完这些“甜品”，读者就可以放胆步入软装设计的世界，当一位初级软装设计师了。

我们知道，在软装设计之路上是没有所谓的捷径，即使你已经懂得了软装设计的基础概念、掌握了许多灵活的技巧，也必须慢慢积累生活的感悟、审美的沉淀。因此，诚挚地期盼读者能看完书的附册软装的那些事，它们将帮助你了解软装的历史，通过认识软装在古今中外的演变与发展，找到它的一个个生动的原型。

随着我们嚼开软装的硬壳，你会发现，软装就在你身边，生活即软装。

李继东

中国软装协会特聘讲师，中海集团星级讲师，广州欧申纳斯软装饰设计有限公司高级顾问。

引子
Opening

一

朋友L前段时间在广州CBD的BL公寓买了套二手房，带精装修，家私齐全。

刚签完合同，地产中介的小伙子就告诉他令人兴奋的消息：

“好消息！恭喜您，房子已经租出去了，您再签个出租手续就等着收租呗。”

兴奋之余，朋友L有点诧异：这房子的流通速度真快呀。可不？自己买的房子到手还没认真仔细看看呢，就成别人的“家”了。

可是，朋友L心有不甘呀。他也是地产从业人员，平时喜欢在家居布置上弄些自己的小设计。

当初还一心想着在收楼后给房子好好装饰一下呢。

最终，朋友L想了想，还是决定不出租了！

中介小伙子脸色复杂得很。

决定暂时不出租后，朋友L心里有一种莫名的喜悦：

嘻！总算可以腾出点时间，过把小瘾！

直奔宜家……

朋友L花了几天的时间，给这个新家换了个新貌：

玄关摆上现代感的花瓶；

近两层高的客厅主墙上贴上简单、时尚的手绘感墙画，主色有点媚，酒红的；

屋顶挂上时尚、浪漫的大吊灯；

卧室配上窄幅长画；

酒红色的窗帘，应着客厅主幅。

区区几笔，寡淡的房子有了“家”的味道。

接下来的故事就顺理成章了。

一个月后，某租客看到房子，马上有来电的感觉，于是以比原租金高30% 的价格出租。

对朋友L来说，花了点小钱，过了把小瘾，换来了全年的高额租金。后来因为软装的关系竟还跟租客成了时常喝茶的朋友。

后来，朋友L常说：软装挺好玩的，有条件的话就别在这方面偷懒，没准还有钱赚嘞！

或许，这就是软装饰柔软的力量吧。

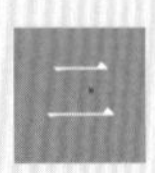

二

这个故事发生在2012年的夏天。

C城住宅楼盘热卖，当时大家都对那儿的“会讲故事的样板房”议论纷纷。

话说，一个名为“小姨出嫁的前一天”的概念板房吸引了众多中产阶层人士踊跃看房。

大家都很好奇，“小姨出嫁的前一天”的概念是什么？这间样板房怎么讲故事的？说来简单，软装设计团队为这个样板房找来了几个“主人”，并赋予了“主人”家庭背景和人物性格：

这个家庭的主人有品味、有涵养，开朗、好客，常开派对，喜欢户外活动。

男主人三十尾声，爱DIY、喜欢摄影；女主人三十出头，爱音乐、爱时装、喜欢喝咖啡；儿子小宝五岁，好动、爱美术和木制玩具；三只可爱猫咪受到全家人的宠爱，顽皮、活泼。

特定场景“小姨出嫁的前一天”，便是建立在以上特定人物之上的。

在小姨出嫁的前一天这个特别的日子里，这个家庭如何度过呢？且看软装设计师精彩还原那些动态的场景：

先是入户花园，摆放着装满花束的自行车，看起来就像是主人刚刚郊游回来，自行车还残留着乡村的泥土和原野的花香，猫猫们玩得太快乐了，还在自行车宠物篮里面呼呼睡觉。

进入室内，就能感觉到全家为了明天出嫁的小姨正在张罗——爸爸在黑色玻璃墙上用粉笔详细地策划了婚礼的时间安排，顽皮的小宝在下面画了“婚礼全家福”。

一切就那么自然，妈妈在餐台上面用心地制作明天婚礼的花球，花球压在厨房用书上，原来妈妈还在看书研究。天啊！这种花球是可以吃的。

桌上零散摆放着一些邀请卡片，嗯，还有没有遗漏的没发请柬的客人呢？

客厅播放着为宴会厅挑选的Bossa Nova音乐，小野丽莎哼唱着舒服的调子，茶几上还摆放着好几张唱片，还有咖啡，爸爸总是严格地选择适合的音乐，而妈妈则对咖啡的要求很高。

走廊是猫猫的影集，都是爸爸拍的。

书房则是猫猫们的禁地，里面放着爸爸的相机镜头和擦拭的工具。明天的婚礼拍摄工作，可是对爸爸的严格考验，他正在书房看摄影杂志，用心学习，认真擦拭相机镜头。书房一侧的柜子上，摆放了爸爸喜欢的日式建筑模型，那是他花了很长时间精心制作的。

主人房有点凌乱，因为明天小姨就要出嫁了，妈妈哪有精力整理房间呢？衣帽间里挂着明天的礼服，飘窗上还有一份没有包装好的礼品，是妈妈亲手刺绣的枕套。小宝拿来了贺卡，妈妈要选择哪一张呢？

儿子的卧室铺满了贺卡，他正为做了太多贺卡而烦恼。这儿童房的家具可以随意推拉，是百变的组合，上面有好多玩具、积木，小宝最喜欢爬上柜子，躲在角落里玩积木，这是他的玩具世界，墙上还贴了许多家庭照片，那是小宝和妈妈共同努力的结果。

原来，这个样板房用着“进行时”的表达方式来讲故事呢，空间就在如此喜气洋洋的气氛中有了它的性格。看房的人，从走进房子的那一瞬间，就注定要被这充满期待的美好生活气息所感染。

目录

Contents

第一招 练功先练气——说说软装风格原型

第二招 前进一步谈空间——软装的练武场

3

第三招

重塑软装的神来之光

4

第四招

物料利器多——赠你软装三面体

5

第五招

描红——入门之必杀技

软装的那些事

一、史话中土软装

（一）从旧石器时代说起

（二）比如诗歌

（三）比如画屏

（四）《红楼梦》与《金瓶梅》的那些事儿

二、关于风格的传说

后记

D E S I G N

设计，是一切精彩的缘起

第一招
练功先练气——说说软装风格原型

——与其说“风格”，不如说“骨气”，软装其实是有骨气的。

什么是软装？什么是硬装？软装和硬装有什么联系呢？

软装和硬装从来就是骨肉相连的一个有机的整体。可以这样描述：软装的骨骼就是硬装，硬装的气场就是软装的骨气。所谓的“骨气”，是指风格原型。

注意，这里说的是风格原型 ，而不是风格，下面会详细介绍这方面的内容。

开篇之初先谈这个话题，乃合乎练功先练气的道理。

做人要有骨气！
做设计也要有「骨气」！

1-1 为什么要找到“风格原型”？

许多人喜欢为设计方案冠以“某某风格”，然而什么是“风格”？

在美术的领域里，一种准确的表达方式可以长时间持续一致地表达，就“被形成”了一种“风格”。这是一个很宽泛的话题，让我们把焦距调近，来看看什么是软装设计范畴里的风格。

我们尝试给软装风格下一个定义吧——一个时代、一个流派或一个人的软装设计作品在思想内容和艺术形式方面所显示出的格调和气派，称之为软装风格。软装设计是由人创作出来的，由于创作者所处的时代、生活经历、文化教养、思想感情的差异，以及创作时主题的特殊性和表现方法的习惯性，于是不同的设计作品便形成了不同的风格。这种风格往往包含着时代和地域的属性。

一种软装风格，如果找不到与之匹配的、普遍性的设计方法，那么这种风格便是毫无根基的空中楼阁。只有将风格落实到 “原型”中，才能体现出软装能凭借的定律，有了“原型”，设计者可以有依据地进行设计，而非空洞而毫无根据地“创造”软装饰。

1-2 “风格原型”从何而来?

那么，什么是“风格原型”呢?或者说什么是软装的骨气?

在我们看来，五大文明古国的文化艺术就是现代设计风格的原型。中国、古印度、古埃及和古巴比伦是四大古代文明的发源地，加上古希腊，便是目前国际学术界所公认的五个古文明发源地。这些由不同流域滋养衍生出来的文明，有着不同的“骨气”，他们各自盘踞一方，经历岁月的磨砺，都曾辉煌过，也曾在消失边缘挣扎。我们可以从仅有的遗迹、文物中寻找当年的辉煌。

有文献记载的装饰历史表明，软装的骨气可以追溯到古代埃及。埃及文明是人类美术中最早形成“风格”的文明之一。直到古希腊文化在爱琴海萌芽，才慢慢转移了埃及美学的影响力，西方的美术也才从尼罗河流域转向地中海北域的地区。

五六千年前，我们的祖先华夏族创造了华夏文明。由华夏文明滋养着的人们对生活有着较高的要求，这统统体现在软装陈设当中。从“藏礼于器”到日常生活，华夏文明从龙山文化、仰韶文化、陶寺文化等古代文明中衍生出一套装饰的规律。

作为社会生活的组成部分，软装并不是孤立存在的，而是具有鲜明的社会性。可空穴来「风（格）」，事必有因。想要得到美丽的软装果实，就要先种好「原型」这个「因」。

以说，不同的历史时期，就拥有不同的居住文化及其软装。从华夏远古先民们开辟第一处洞窟、构筑第一个居巢之时起，他们身安其内，一种与居住相关的文化形态也就随之诞生，并寓含于其中了。

就在东方文明繁衍生息的同时，战戮不断的西方，也踏上了文明的征途。公元前7 000年前，居住在南希腊阿哥利斯地区弗朗克提洞穴的人们就通过贸易往来，获得黑曜石来制作尖锐的石器捕捉海鱼。希腊爱琴海地区的人们生活十分活跃，种植大麦、小麦、豆类，驯养绵羊、山羊，并开始崇拜象征丰产的泥塑女神像。

经历了爱琴文明、迈锡尼文明和黑暗的荷马时代，兴盛的古希腊文明开始向外殖民。随着经济生活越来越繁荣，古希腊文化也越发散发着灿烂的光彩。古希腊人在哲学思想、历史、建筑、文学、戏剧、雕塑等诸多方面都有很深的造诣，这一文明遗产随着古希腊灭亡后，又被古罗马人继承下去，从而成为整个西方文明的精神源泉。

虽然说，上述的内容都是美术范畴的艺术风格和历史文化的发展规律，然而谁说它们没有被软装设计者所运用呢？西方美术风格的演变史，恰恰就与软装设计艺术在西方的发展表演着二重唱。

可以说，时代所赋予的美术内涵，往往很早就在社会建筑中体现。毫无疑问，这些美术内涵也会十分及时地体现在空间之中，软装的多种风格原型就在每一个大时代的背景上一幕幕上演。

1-3 如何以不变应万变？

希腊的理想美学，被罗马的俗世经验做了修正；罗马的个人感官放纵与俗世耽溺，正是基督教禁欲美学的起点；基督教美学压制世俗人性，到了最后正是文艺复兴重新回归人性的契机。

一个风格流派主义找到了一种解决问题的方法，相信这种方法，发展出优点，创作出优秀的作品，因此相信这是唯一的方法；而任何一个流派，一旦信奉自己的主张是唯一的教条，也正是这个流派衰败的开始。这就与物极必反的道理一样。

正如，整个欧洲大陆各个时期的艺术与设计风格，都源于古希腊文明，（当然你会说也有很大一部分源于古罗马艺术，然而，谁不知道古罗马的艺术也是受到古希腊文明的启发？）如今的东亚文明，不就是古代华夏文明的延伸吗？现在被大家用得极度泛滥的中式风格、日式风格、东南亚风格，他们只是在不同时期吸收了华夏文明的不同精华。

我们发现，观看软装风格原型的演变过程，就像读一部美学史。如今我们所熟知的所谓风格，无论中式、日式、东南亚风，还是巴洛克、洛可可、新古典主义、现代简约、后现代主义，甚或地中海风格、殖民地风格、浪漫田园风……皆是从华夏文明、古希腊文明、古埃及和古巴比伦文明这些风格原型中衍生出来的。

这么看来，现在所谓的软装设计风格，都是前人不断探索总结而得出的普遍认同观念，是具有时代意义和地域文化属性的。因此，我们在运用这些风格以赋予现代空间一定的内涵的同时，必须弄清楚这些风格兴起的缘由及流行的背景，即风格原型，更要了解这些风格对那个时代的影响及其背后深刻的意义。照搬几个代表的元素，或者只是参考其外在的形式，甚至张冠李戴混淆了其文化内涵，这些只会“自打嘴巴”。

以上是许多理论层面的东西，我们换个实操角度来看软装风格原型，其实也很简单：

我们在运用任何一种风格时，必须找到它的原型。

1-4　“风格原型”寻宝之旅

进入软装饰设计的世界，需要掌握几种装饰的基本风格，为的并不是要套用在哪个空间环境中，而是为了身处在某一装饰风格的场所中能有鉴别欣赏的能力，知道某处装饰搭配的艺术风格来源，也即风格原型，及其与实际运用的巧妙关系，才能进一步走入软装饰的灵魂。

我们在附册里埋下了宝藏——详解了几种最常见的、最有影响力的软装风格原型，从风格原型的历史沿革入手，到介绍现代运用的方法，希望能帮助大家了解其诞生的背景和发展的脉络，以便今后借用起来的时候，能够有所依据。“出拳”的时候，能够有招更有气！前提是，大家要自己找到这些“原型”藏在哪里。

下面就给点小提示吧！

华夏文明——中式、日式、东南亚风格的原型，根据古代中国不同朝代的对外开放范围，传播到亚洲各国，特色也有所不同。

古埃及文明——一直占据非洲广大地区，一些古埃及文明的碎片作为零散的元素被运用到当代艺术之中。

古巴比伦文明——作为消失的文明，仍然可以在中东地区（土耳其、伊朗、伊拉克、约旦、叙利亚等）找到其影子。

古希腊文明——巴洛克、洛可可、新古典，围绕神的崇拜与人性的追求而演变，在欧洲各国（包括法国、意大利、西班牙等）有不同的特色体现。

现代工业文明——装饰艺术风格、现代简约、后现代主义、新中式等。

1-5 原型的“原型”是生活

上面的提示只是帮助大家理清各种风格原型的历史关系，并不是说软装设计的风格就只有这么几种。软装饰设计世界博大精深，设计方法形式繁多，远远不止这些。我们只是总结出常被软装饰从业人员使用在实际案例上、或多被人们诠释的容易理解的风格，希望有助于大家在刚入门软装设计的时候，能够从风格原型入手，领悟前人凝聚于风格中的智慧（方法与技巧），从而便捷地踏入软装之门。

从古希腊黄金时代的理想秩序体现到古罗马的圆形穹隆，从基督教艺术庄严华丽的中世纪哥特式到文艺复兴时期的巴洛克与洛可可艺术风格，再到新古典主义的单纯美学……时代在向前发展，美术装饰在相对的矛盾对立中寻找微妙的平衡与和谐。无论古代还是现代，这一切装饰都围绕着生活，当时人们的生活方式决定了该时期所盛行的美术文化和装饰风格。也就是说，所有的风格原型，都源自于生活。

谨记：原型的“原型”就是生活啊！

DECORATION

其实，软装是有广义与狭义之分的

第二招

前进一步谈空间——软装的练武场

我们解剖“软装的骨气”的目的，并不是为了简单的套用，而是要学会鉴赏与识别，要懂得其缘由和道理。

那么，如何采用相应的软装风格原型？不同的风格又应该怎样分别运用呢？

现今的软装设计风格在不断演变，对此我们也在不断探索，要“玩得转”软装，就必须先谈谈空间。

2-1 空间才是软装的前提 ——庄严的教堂 vs 欢乐的舞厅

正如第一招所说的骨气：“硬装的气场就是软装的骨气，即风格。”而硬装的骨气又是什么呢？答案是空间的气质，或者说是“场所精神”（Spirit of Place)。

所以，软装的前提不仅仅是硬装，而是更前一步——空间。

既然这里提到“场所精神”，必须先解释一下“场所”代表的意义。参考诺伯舒兹（Christian Norberg-Schulz）所著的《场所精神——迈向建筑现象学》，很显然，场所不只是抽象的地点区位（Location）而已，我们所指的场所是由具体物质的本质、形态、质感及颜色所组成的一个整体，这些物质的总和决定了一种“环境的特性”，亦即场所的本质。一般而言，场所都会具有某种特性或“气氛”。因此，场所是定性的、整体的现象。

这么说，似乎偏向于哲学层面了。可以简单举些例子，让大家比较容易理解。布拉格是一个场所，罗马也是一个，北京天坛是场所，挪威森林也是场所……换个说法，就是“地方”。

北京天坛

一个地方总会有其特性，或者成为环境气氛，这包括自然的环境气氛和人为的环境气氛。在《场所精神》一书中，“空间”是一个宏观的概念，这里不妨将空间定义简化为我们日常所讲的狭义的空间。

之所以说空间是软装的前提，是因为空间所形成的气氛才是赋予软装以主题的魁首。就像住所必须是“保护性的”，家必须“有瓦遮头”；办公室则必须是“实用的”，工作要“手到擒来”。同理的还有“欢乐的”舞厅，“庄严的”教堂等。我们必须根据这个空间的特性，来赋予其软装的风格或主题。在这个时候，无论是建筑体本身，还是其室内装饰、陈设摆件，都无一例外地服务于此空间的特性。

这么一来，我们能够得到一些启发：构成一个地方建筑群的特性，经常浓缩在那具有特性的装饰主题中，比如特殊形态的窗、门及屋顶，就像巴黎的卷拱窗户、那不勒斯和荷兰住宅群的门窗设计、挪威的斜屋顶等。这些装饰主题可能成为“传统的元素”，将一个地方的特性移植到另一个地方。

广州沙面建筑群的法式窗户

广州沙面天主教堂

因为空间的内部与外部有着紧密的关系，所以软装也要涉及内部与外部，即通过建筑室内外交接处（门窗、敞廊等）的装饰来协调空间的内外部关系。这同时是建筑最主要的本质。所以一个地方可以是个孤立的庇护所，它的意义是由象征性元素表达的，场所可以和环境相沟通，也和理想的与想象的世界有关联。

我们不妨穿越到巴洛克建筑晚期去，看看当时设计的教堂。教堂内部空间本身设置在光亮的区域，象征无所不在的神光。同时，在教堂的内部空间中，还会存在祭坛和圣像，当然还有制作精美的福音书、烛台、法器等，甚至有盛载着殉道圣徒遗物骨骸的、以珠宝装饰的华丽盒子以作供奉。这些陈设，即软装，正是在教堂空间这种庄严神圣的环境特性前提下，才存在的。

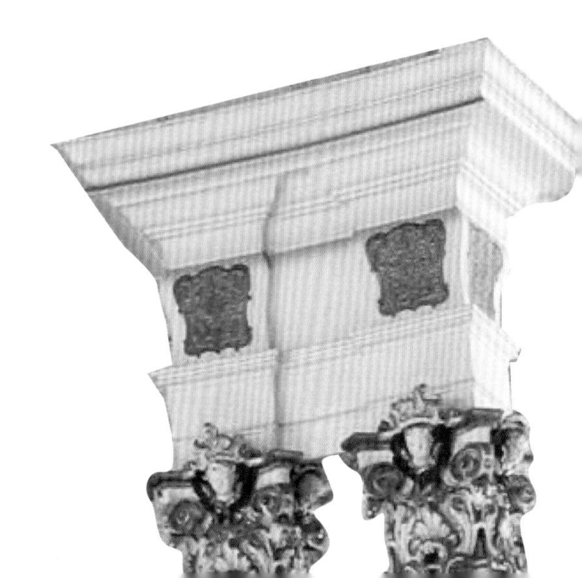

2-2　看软装先看空间的意义
——雅典娜女神的故事

我们谈空间中的软装，首先要搞清楚，什么是空间的意义。

我们去供奉着雅典娜神像的雅典卫城试着寻找答案吧。

作为军事要塞的雅典卫城，同时是宗教崇拜的圣地。卫城建筑群的中心就是鼎鼎大名的巴特农神殿，它耸立在旧雅典娜神庙南面，著名雕刻家菲底亚斯（Phidias）在

希腊雅典卫城巴特农神殿

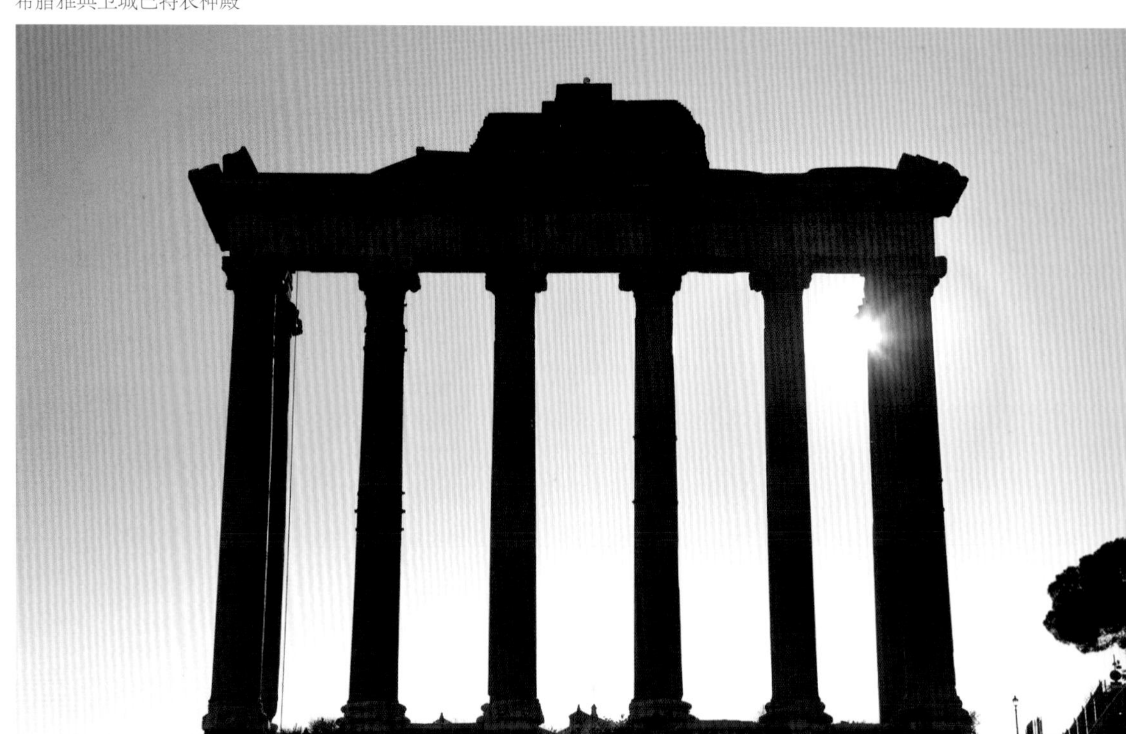

神殿内塑成高大的雅典娜神像。神殿外观整体协调、气势宏伟，给人以稳定坚实、典雅庄重的感觉。

巴特农神殿始建于公元前453年，历时15年，在公元前438年完工，主要表现神话和古代历史题材。四周为多立克式廊柱，整个大殿全用大理石建成。远观，给人以冷峻的感觉，然而一旦走近神殿，你就能体会到这座拥有2 500年历史的神殿特有的柔和。

巴特农神殿的建筑设计非常独特。远看时神殿似乎是由平面和直线立体组合而成，其实却是由曲线和曲面巧妙组合而成的。东西两端的基础和檐部呈翘曲线，以造成视觉上更加宏伟高大的效果。另外，四根角柱比其他石柱略粗，以纠正人们从远处观察产生的错觉。这些设计巧妙地利用了肉眼视力的错觉，将建筑美学与实用性结合在一起。石柱向内倾斜，增加了石柱的承重能力；地基中间略高，则是为了排水。神殿中大量的以神话宗教为题材的各类大理石雕刻成为其艺术整体不可分割的一部分。

神殿的每一根石柱都像一尊站立的人像，石柱上的直线刻纹，就像人体长袍垂下的衣褶。菲底亚斯费尽心血完成的雕塑，本来是镶饰在建筑的内壁或山墙上的，18世纪前后，热爱希腊艺术的西欧人，把许多精美的雕刻给抢走了，现在分散收藏在英国、法国、德国的博物馆里。一组现存于巴黎卢浮宫的浮雕残片，表现祭祀女神的行进队伍，一尊一尊站立或行走的人体浮雕，衣褶自然下垂，与建筑石柱的秩序感完全一致。另一组现存于伦敦大英博物馆的雕刻，本来可能是放置在巴特农神殿东侧山墙上的，雕刻比较深，表现女神或坐或卧的身体，身体上衣服的褶纹如流水一般，产生优美的韵律，非常梦幻，却又能恰当地传达出人体悠闲自在的动作。

这些女神在“悄悄地”告诉我们，巴特农神殿是为她们而建的。在要塞上“敬神”以防御外敌，正是这个希腊艺术黄金时代产物的意义。因此，神殿内的镶饰、浮雕、神像等一切器物，都是围绕“敬神”这一主题而衍生的。这恰恰验证了“空间的意义，决定了软装的主题”这句话，甚至可以说，空间的意义，决定了整个建筑体的形式形态、主题与风格。

既然穿越到希腊了，就别浪费，多逛几个地方吧！

女神雕塑局部

广州石室大教堂，建筑体与内部的装饰，共同传达出教堂这一庄严空间的意义

希腊文物多，博物馆也多。据分析，在保留至今的古希腊文化遗物中，数量最多、影响最大、存在的年代最为久远的文物当属各类雕刻艺术品。究其原因，除了雕刻艺术品大多采用石料和金属材料易于保存外，古代希腊人民在日常生活中广泛使用雕刻装饰也是个重要的原因。他们用雕像表现对神的崇拜，在神庙内外装饰众神的形象；他们以其对大自然充满鉴赏力的审美观将许多神人格化、物化，创造了巧夺天工的作品；他们还用雕刻美化生活，装点公共建筑和场所；甚至用雕刻修饰坟墓，表达对逝者丰功伟绩的颂扬和深切的怀念。总之，这一切表明古代希腊人是将雕刻作为人类精神最完美的表达方式。

于是，我们又可以说，由于希腊人将雕刻作为人类精神最完美的表达方式，因此建造了许多以神像雕塑为主题的空间，空间气氛与软装主题的关系，在这里已经水乳交融了。

以圣索菲亚大教堂为例，大圆穹顶下的一圈小窗洞将光线引入教堂，缤纷的色彩交相辉映，既丰富多彩，富于变化，又和谐相处，统一于一个总体的意境：神圣、高贵、富有。从而，有力地显示了拜占庭建筑充分利用建筑的色彩语言构造艺术意境的魅力。也就是说，教堂空间的宗教意义，决定了这座中世纪建筑杰作砖瓦的搭建、色彩的组合、门窗玻璃的排列、内部装饰的镶嵌、陈设配饰的摆置。

2-3　空间主题决定所有装饰
——一切都为了“佛”

既然空间是软装的前提，那么你知道吗？空间的意义决定着软装的主题，甚至决定硬装和建筑的主题。

如果说西方的教堂和古希腊的神殿还不够说服力，不妨参考一下大唐所建、留存至今的中国最早木构殿堂——佛光寺大殿。唐代是中国建筑的发展高峰，也是佛教建筑大兴盛的时代，这座宗教殿堂很有代表性。

佛光寺里头的所有硬装和软装，都是围绕着“佛”这个主题即意义而展开的。其中，所有的事情（元素）：空间、硬装、软装，都源于或服务于“主题”，即这个作品要传达的意义。

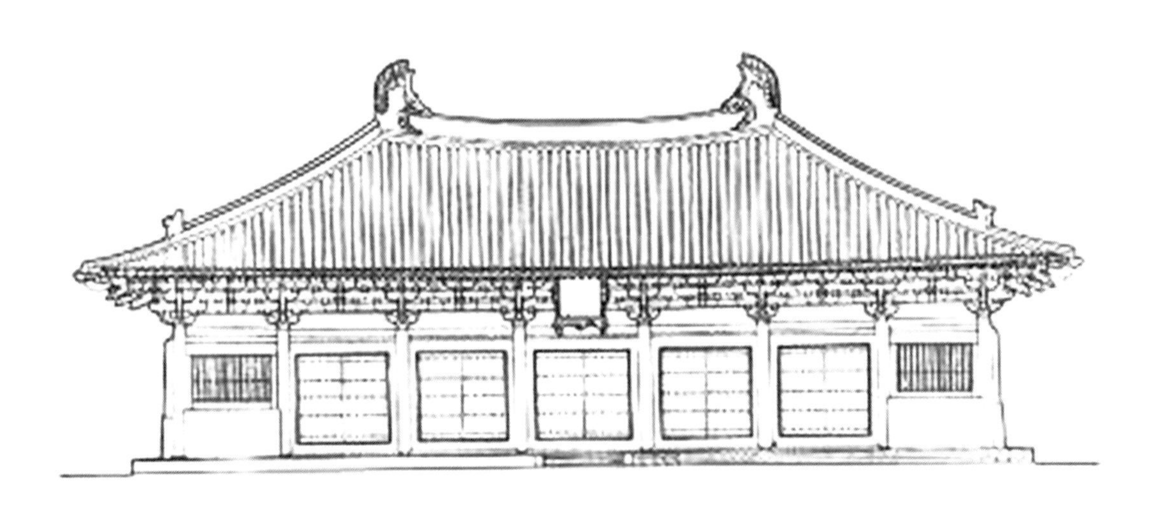

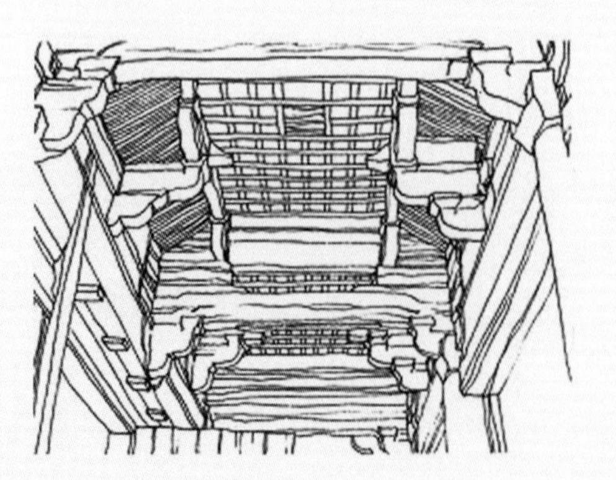

佛光寺大殿的空间构成很有特点。殿内有一圈内柱，后部设“扇面墙”，三面包围着佛坛，坛上有唐代雕塑，这一圈内柱把全殿分为“内槽”和“外槽”两部分，内槽空间高且大，加上扇面墙和佛坛，突出了它的重要性；外槽低而窄，是内槽的衬托。但外槽和内槽的细部处理手法一致，一气呵成，有很强的整体感和秩序感。雄壮的梁架和天花的密集方格形成粗细和重量感的对比。

佛光寺大殿非常重视建筑与雕塑的默契。佛坛面阔五间，塑像分为五组，建筑与之相应。塑像的高度和体量都经过精密设计，使其与空间相呼应，不致于壅塞或空旷，同时也考虑了瞻礼者的合宜视线。

以上种种，都印证了佛光寺大殿设计原则——先有佛，再有

空间，从而衍生出建筑结构与搭建形式。我们用一个简单的图来说明它的设计原则：

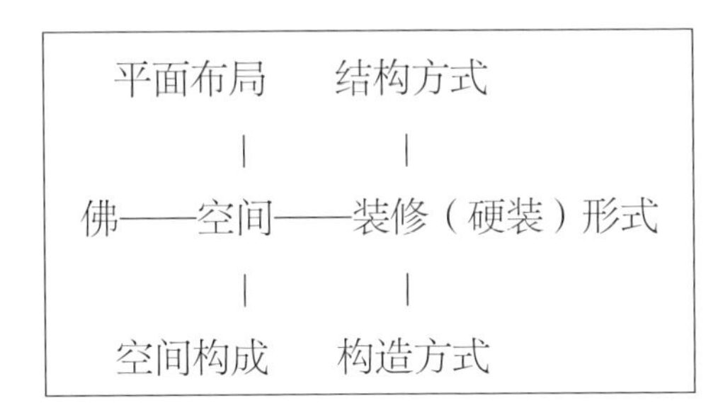

在这样特定的建筑中，先有“佛”（佛像），然后才有与之相匹配的“殿”（空间），而空间之所以能与佛像相匹配，是由于有相应的平面布局、空间构成、结构方式、构造方式、装修形式（硬装）做支撑。软装先行的概念，在此显得生动而具体！

或者说，这里的软装——佛像，即是空间存在的意义。

可以科学地推论，佛光寺大殿的建造程序，很有可能是先设定佛像的大小数量，然后再建构大殿。古代佛教建筑有其自身的形制要求，这里不是重点，且不谈及。倒是其“先佛后殿”的营造之法，引出了许多软装故事及故事背后蕴含的设计手法原则。

所以说，空间的意义与软装的关系是密不可分的，有时甚至软装本身即空间意义。这也是本书多次强调到的软装与硬装、软装与空间的原本该有的关系。

L I G H

神说，要有光！

于是，就有了光

第三招

重塑软装的神来之光

解开了软装与空间的关系谜团，我们就要正式进入软装饰的世界。

“神说，要有光！于是，就有了光。”

打开一扇大门，迅速进入眼帘的，是一道光。有了光，软装饰的世界不再漆黑一片，便有了神的光彩，光线斜斜地倾泻在门槛上，通过这道光，我们便可以走进软装或清晰或朦胧的世界，探索软装饰设计的奥妙，寻找软装的灵魂。

3-1　情景再造，重塑软装
——灯亮的一刻，心动了

这是一个真实的故事。

好几年前，我们所在的城市有一个热销的别墅楼盘，一位朋友是该地产公司的工程部顾问，参与了其中的别墅样板房验收，庆幸的是，那天晚上，我跟了他一道去看看那个房子。本来只是想看看那里的别墅户型，结果……

我们是下午到达别墅的，朋友忙于和他的同事们检查样板间的清洁卫生是否做得到位，还得亲自动手调整样板间的软装布置。（那时国内的样板房装修还没有很明确并专业地划分出软装配饰师的工作，大多是硬装设计师一手包办，或者业主自己派设计师添置软装。）我便自己逛了整个楼盘一圈，虽然附近有些工地，后面的高层住宅也正在建设中，但毕竟是临江的楼盘，绿化还是很不错的。进入别墅的时候，只是觉得户型方正，布局合理，透过落地玻璃能看到一线江景，不能不说那是优质别墅，但还达不到打动人的地步。

我们在别墅旁边简单吃了顿晚餐，再折返检查收尾的工作。夜幕降临，朋友打开了别墅的灯光。然而，那一刻，我们都惊呆了！

那一夜真美！

在高挑的客厅中央，水晶吊灯的光影，有些洒在大理石茶几上，有些则洒落在绣着玫瑰花图案的地毯上，一阵暖意涌上心头。同一块落地玻璃，在夜幕下再次察看，除了窗外隐约的江景，还有江对岸那星星点点的灯光，加上室内那吊灯的倒影，如梦似幻。

大伙们正苦思要不要多放一套杯子在餐桌上，听到我的惊叹，都停下手上的工作。他们也发现，这个样板间，在亮了灯之后，似乎真的“变身”了。餐厅天花吊灯的光线打在餐桌上，水晶玻璃的红酒杯、精致的英式红茶杯、晶莹剔透的白瓷碗碟、烛台和银器餐具，全都有了光彩，还有那些衬托的布艺插花，仿佛有了生命，就如鲜花得到阳光的滋润一样。

夜深人静，大家通通将手上的活儿都停下来，静静地欣赏着眼前这一幕美景。我则幻想着自己是这座房子的主人：一天工作累了下班回来，远远地看见家里亮着灯，家人在门口给我一个温暖的拥抱，厨房里飘出饭菜的香气，在客厅坐下，听听音乐；转至餐厅与家人团坐一桌，拿着酒杯，聊聊家常；酒足饭饱之余，到院子散散步，隔着玻璃窗感受屋内的温馨；书房的落地灯，聚焦于那本最近在看的书上面，提醒我又到了每天读书时间了；卧室的壁灯最是浪漫，可调控亮度的设计，很适合布置在衣帽间和卧室过渡的空间……

翌日再去，已经难以找到当时的感觉。那是夜的魅力，更是灯光的魅力。

这里的重点是“重塑”，即情景再造。

房子里的一切本来就存在，就像一位打扮得很漂亮的姑娘，当舞池的聚光灯照落在她身上的时候，她之前的一切等待就变得有意义了，裙子的珠片因为有了灯光而闪烁起来，她变得更有自信了。因此，我们得出一个结论：光，可以重新塑造所有的一切，包括软装、硬装，以及空间。

3-2 教你如何用光
——神来之笔，照亮点与面的秘密

如是家装

关键词：温馨

绝招：面光源为主，重点部分加入点光源

家装的用光，总体上应该以温馨、实用为主。常规的情况是，多以面光源为主，根据个人的喜好，于重点部分加入点光源。这里所指的重点部位大致分为：重点装饰的部位，比如花艺、饰品、挂画等处；重点使用部位，如床头位、书房灯等处。

有一些家装，走的是温馨静逸的路线，大部分的面光源呈现非直射光效果，以反射光效果为主，并结合重点部位布置点光源。

重要提示：习惯

要重点说明的是，个人或家庭的使用习惯一定是首先要考虑的。一位做灯具生意的朋友，也许是出于职业习惯，他在主要的空间多布置了两组光源，理由很简单：万一其中一组坏了，也不至全“瞎”。

如是公装

关键词：舞台效果

绝招：色温亮度足够大的面光源与点光源

公装的“展示效果”是必须首先考虑的，展示效果要根据空间的性质要求而定。我们以房地产卖场空间（如样板房）为例来说明这个问题：

舞台效果永远是样板房需要重点考虑的。从某种意义而言，舞台效果就是灯光所刻画出来的展示效果。在通常的情况下，足够的亮度是在基础层面上必须保证的。也即

在面光源的色温亮度足够大的基础上，加入色温亮度足够大的点光源。

重要提示：趣味性

有时候，趣味性也是在灯光效果的设计中重点考虑的一环。

M A T E R I A

世事万物，殊途同归

第四招
物料利器多——赠你软装三面体

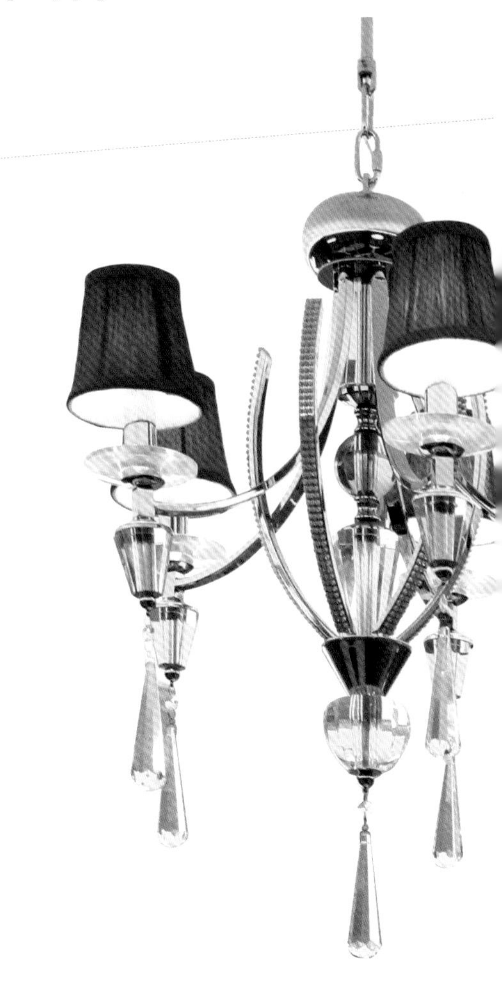

“工欲善其事，必先利其器。”要掌握软装饰设计的“入门术”，当然先要知道有哪些“利器”工具，并且学会利用这些工具。在软装饰设计行业里的“利器”，就是我们通常所说的物料。

现代人的生活方式多元复杂，设计概念层出不穷，如何从市面上五花八门的软装饰物料中找到规律，以不变应万变呢?

关于这些"利器"物料的学习，我们可以从不同角度来分类和分析，下面先按照传统的分类方法——软装八大类来纵观软装物料。之后可以将这些物料带入到相应的“三部曲”和“五觉”概念的规律中应用。

4-1 打好基础——纵观“软装八大类”

我们可以将软装的物料归为八大类：家具、灯饰、布艺、地毯、挂饰、饰品、花艺、餐具（包括厨具）。

送你一套软装八大类记忆口诀：

软装物料，家具先行；灯饰明亮，布艺柔情；地毯暖意，挂饰贴心；饰品点缀，花艺点睛；餐厨二具，实用精灵；软装八类，牢记于心。

家具：软装物料，家具先行

在软装饰领域，整个空间里可以移动的家具、灯具及饰品、花艺等都属于软装类物料。家具是软装中分量很重的部分，家具又不仅仅是一种简单的功能物质产品，很多时候，家具还是一种广为普及的大众艺术，它既要满足某些特定的用途，又要供人们观赏，使人在接触和使用过程中产生某种审美快感和满足引发丰富联想的精神需求。

前面提到，空间的意义决定软装的风格。那么决定物料之风格的，当然不是物料的材质，而是设计风格和方向。一般来说，要先确定了整体空间的风格，再去选择软装的物料，而家具在软装物料中是“先行者”，是个起决定性作用的因素。

家具由材料、结构、外观形式和功能四种因素组成，其中功能是先导，是推动家具发展的动力；结构是主干，是实现功能的基础。由于家具是为了满足人们一定的物质需

求和使用目的而设计与制作的，因此还需要考虑材料和外观形式两方面的因素。这四种因素既互相联系，又互相制约。

家具的材质，是肉眼看得见的，可以通过观察家具的种类了解其材质：板式家具、布艺家具、藤艺家具、皮质家具、实木家具、金属家具、玻璃家具，还有其他材质（包括亚克力、树脂、PVC、个性化石材等）。

以上不同材质的家具都有着其自身的结构特点，这些材料的变化和科学技术的发展，决定了家具零部件间的结合方式，即家具的内在结构。因此，我们在使用家具作为软装物料的时候，必须了解不同材质的家具分别有哪些特性，从而熟知家具的内部结构特点。

家具的外在结构则直接与使用者相接触，它是外观造型的直接反映，因此其尺度、比例和形状都必须与使用者相适应，这就是所谓的人体工程学，例如座面的高度、深度、后背倾角都设计恰当的椅子可消除人的疲劳感；而贮存类家具在方便使用者存取物品的前提下，要与所存放物品的尺度相适应。当然，这是对家具设计师的要求，而软装设计师则需要选择或者定制出符合这些设计要求与审美基础的家具，这是选择软装物料的第一步，也是决定性的一步。

在软装操作中实际选择家具的时候，在满足功能需求的前提下，往往先从外观造型上做出选择，根据整体空间的风格和主题，筛选出符合设计要求与审美基础的家具外观造型，继而重新回到具体的材质选择上来。当然也有例外，比如一些个性化空间的特别主题，也会出现先确定材质再选择外观造型的情况。无论如何，家具的材质、功能、结构、外观四大因素就像前文所说的，是互相联系、互相制约的。

物料也许会出现需要定做的情况，为了配合空间的风格，软装饰的每一件物料，可能都是独一无二的。在这方面，家具尤为常见。市面上也有许多专门从事定制家具的服务，这些都是因应人们日益多元化的生活方式和日趋个性化的审美需求而产生的。

下面我们重温一下要点：

1. 在软装物料八大类中，家具是决定性因素；

2. 家具以功能为先导，结构则是主干，是实现功能的基础；

3. 了解家具的材质，从而理解其内部结构；

4. 家具的外在结构是其外观造型的直接反映；

5. 根据整体风格选出内部与外在结构均符合设计要求和审美基础的家具；

6. 回到材质选择，确定具体的家具；

7. 购买或定制家具。

灯饰：浪漫情调，灯饰点燃

灯饰，是一个空间的眼睛，无论是私密的家居环境还是商业或公共的室内空间，如果没有了灯具，就像人没有了眼睛，没有眼睛的空间只能生活在黑暗中。所以，灯在软装世界的地位是至关重要的。如今人们将照明的灯具叫做灯饰，从称谓就可以看出，灯具已不仅仅是用来照明了，它还可以用来装饰空间。

我们在使用灯饰作为软装物料的时候，要考虑三大关键因素：光照度、尺度、色温。

光照度单位名称为勒克斯（lx），1勒克斯相当于1流明/米^2，光照度是用来衡量拍摄环境的一个重要指标。而这里所说的光照度，可以理解为亮度，就是灯饰所能照亮的范围与光亮的程度。

在广义上，尺度是指建筑物整体或局部构件与人或人熟悉的物体之间的比例关系，以及这种关系给人的感受。而我们在运用灯饰的时候，切记要注意尺度，就是必须把握好灯饰与整体空间的比例关系。以一个住宅空间为例，可以用人或与人体活动有关的一些不变元素如门、墙壁、台阶、栏杆等作为参照物，通过灯饰产品的尺寸与照明范围，与它们的长宽高一一对比，从而获得一定的尺度感。实操过程中，如果对这种尺度感把握不准，也可以通过做模型来取得等同比例的尺度。

还有很重要的一点就是色温。其实，色温是人眼对发光体或白色反光体的感觉，这是物理学的范畴。对于色温的喜好，当然是因人而异的，因为那更涉及生理学和心理学的综合复杂因素。这还跟我们日常看到的景物景色有关，例如在接近赤道生活的人，日常看到的平均色温是在11 000K（黄昏时的低色温8 000K至中午时的高色温17 000K），所以喜欢高色温，因为看起来比较真实；相反地，在纬度较高的地区，平均色温约为

6 000K，那里的人们就比较喜欢看低色温的（5 600K或6 500K）景物。关于灯饰的色温，又涉及灯光设计的，在此就不详述了。

但是我们清楚地知道，不同色温的灯饰给予人的感受往往差异极大。比方说，在炎热的环境下，高色温通常会让人感觉更热，此时如果在空间内换上一个低色温值的灯饰，就会让人有凉快的感觉了。一般来说，高色温值的灯饰，能轻松地营造出温馨暖和的感觉，以及浪漫的情调；而低色温的灯饰，则有一种冷峻的魅力，容易让人清醒，也有一种时代感。于是，我们必须学会利用不同色温的灯饰，为整体空间中的不同区域搭配出最优的灯饰组合，以满足生活照明的实际需要与情调设计的心理需求。

抓住光照度、尺度、色温这三大要素，我们就可以根据这些参数，为空间中不同区域选择功能相符的灯饰了，比如吊灯、吸顶灯、嵌顶灯、壁灯、台灯、落地灯等，它们各有所长，符合不同环境的照明和气氛营造需求。确定了具体空间配置何种灯饰后，就可以从材质着手对灯饰进行分类。常见的灯饰材质有：水晶，金属（包括铜、铁、不锈钢等），玻璃，布艺，陶瓷，木质，石材，以及藤、亚克力等其他个性化材质。最后，配合整体各空间的软装风格，选择适当材质和外观造型的灯饰，那就大功告成了！

关于灯饰的软装要点回顾：

1. 灯饰是软装物料的“左护法”，地位至关重要；

2. 把握灯饰光照度、尺度、色温三大要素；

3. 用不同功能的灯饰满足不同区域的照明需求和气氛营造需求；

4. 选出材质和外观造型均符合整体风格的灯饰。

布艺：布艺柔情，空间情愫

在软装物料八大类中，与灯饰地位同样重要的，就是布艺，如果灯饰是软装物料的“左护法”，那么布艺就是“右护法”。在软装范畴中的布艺，一般包括窗帘、床上用品、抱枕、桌布等，如果一些家具用到布料或皮质的材质，也是属于布艺范围内的物料。布艺的使用，往往能软化空间的边界和棱角，同时增加生活的舒适度。

之所以强调布艺在软装物料中的重要性，是因为它最能够体现软装的“软”。放在我们的“五觉概念”之中，便是与人有着最亲密接触的“触感”。

自古至今，布艺纺织品在装饰领域地位超然。“红罗复斗帐，四角垂香囊”（出自《孔雀东南飞》），就是汉代布艺纺织品在内部空间中用于装饰的活泼写照。纺织品的出现象征人类告别“茹毛饮血”的野蛮年代而步入文明社会，也使室内装饰的发展迈进了一大步。

布艺的范围十分广泛，分类方法也很多，比如按使用功能、使用空间、设计特色、加工工艺等来分类。不过，不管用什么材料和加工工艺制作的布艺，最重要的还是看它用在什么地方和用来做什么。比如在一个餐厅空间，用到布艺的地方就有窗帘、桌布、餐垫、椅背套、靠垫等。所以，我们通常先从使用功能和使用空间入手，选择适合的布艺。也就是说，还是根据整体软装风格，来决定布艺的形态、样式、图案、纹理，再以此来选择符合要求的布艺材质。

布艺的材质五花八门，这里我们只列出在软装设计时一些常用的材质：棉、丝、腈纶、麻、皮革、混纺（包括羊毛）、绒布（其实含有腈纶和混纺，但可以单独划分）。这些常见布艺材质的特性，我们必须摸透，只有熟知每一种材质的特性，才能更好地运用它们制作出符合需求的布艺装饰产品。比如绒布，很容易出现手指刮痕，顺光照射时产生的光感效果与逆光照射时完全迥异，从一侧看其反光、另一侧看其吸光。这就要求我们掌握不同布料的密度大小、可视角度、织法的方向，还有材料成分的特性，以及这种材料与皮肤接触的感觉（亲肤性）等。

另外一点就是颜色搭配，很多时候，相同颜色的不同布料，所呈现出来的颜色并不相同，这里指的是我们肉眼看上去的不同。同时，布料的规格及幅面，也常常影响我们的采购和使用。一般的布料通常有2.8米或1.45米两种幅面，这两种规格是为了便

于运输（适应货柜的宽度）而约定俗成的，选择布料的时候，我们可以以2.8米为定高，或者以1.45米为定宽来计划布料的使用量。具体操作时，还要注意空间的尺度和布料接缝的位置。

像布艺这种无处不在的软装物料，越是繁琐，就越要注重细节。窗帘定制讲求创意、制作工艺和人性化处理的三合一，这意味着勘测、绘图、设计、制作这些工序每一步都要极为精确，尤其是辅料的采购和使用。比如，人性化的升降钩改善了以往四爪钩和“S”形钩无法上下调整窗帘高度的

缺陷；而绑带（绑束）的创意设计则让平凡的窗帘悬挂模式有了“百变”造型。别小看简单的窗帘钩和绑束，大订单的签订很可能被它们左右。

关于布艺的软装要点回顾：

1. 布艺是软装物料的“右护法”，与灯饰地位同样重要；

2. 掌握布艺各种材料成分的特性，“软化”空间事半功倍；

3. 重视布艺的颜色搭配，小心驶得万年船；

4. 了解布料的规格和幅面，软装物料如虎添翼；

5. 辅料的与时俱进可能是决胜关键，细节决定成败；

6. 挑选或定制材质和外观造型均符合整体风格的布艺。

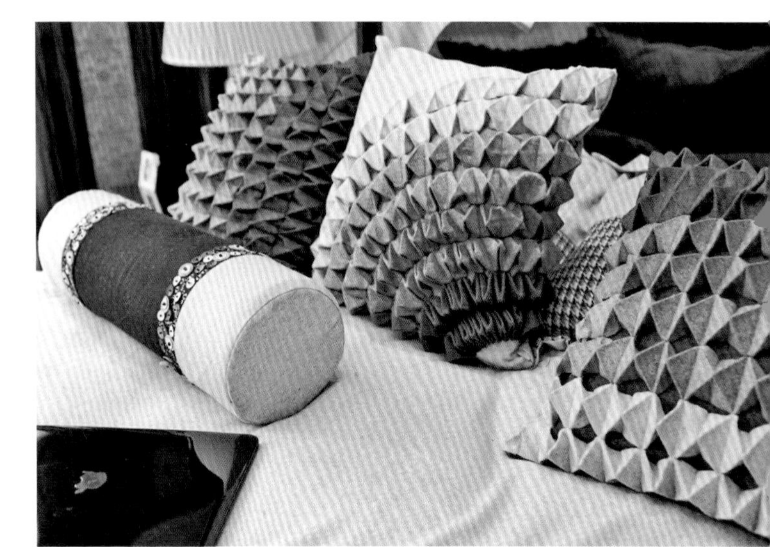

地毯：地毯暖意，铺就舒适

如果以三维立体来看一个空间，那么最主要的“面”即是地面、墙面和天花板，这三个“面”限定了一个室内空间的基本范围。而地毯和挂饰，则分别就是地面和墙面的主要软装物料。

古人席地而坐，如今我们有了许多不同的坐具，“席”则早已化作许多不同形式的装饰来出现。地毯，也是其中一种。地毯一般以棉、麻、毛、丝、草等天然纤维或化学合成纤维类原料，经手工或机械工艺进行编结、栽绒或纺织而成。地毯是必不可少的软装物料，常见于住宅、宾馆、体育馆、展览厅、车辆、船舶、飞机等空间的地面的覆盖，用来减少噪声、隔热和装饰。以下介绍地毯的功能。

首先，地毯可以隔音。在现代的生活空间中，经常需要布置一些隔音的设施，地毯因其紧密透气的结构，可以吸收及隔绝声波，有良好的隔音效果，常见于会客的空间，如住宅的客厅、办公室的会议室、高级餐厅的贵宾室、酒店客房的走廊、娱乐场所KTV房等，总体上说，人流较多而又需要一个安静的环境以达到良好接待效果的地方，一般都铺装地毯。隔音，无疑就是地毯的第一功能。

其次，地毯可以改善空气质量。地毯表面的绒毛可以捕捉和吸附漂浮在空气中的尘埃颗粒，有效改善室内空气质量，还可以隔热。（必须定期使用吸尘器清洗地毯！）

另外，地毯使空间具有安全性。有了这种软性物料铺盖在地板或地砖之上，无论本来的地面是大理石、木板还是瓷砖，人们都不容易滑倒磕碰，尤其是在有儿童、老人的住宅空间和公共或商业空间的大堂等环境，整块或者满铺的地毯都是十分常见的。而且地毯是无毒害的，不散发如甲醛等不利于身体健康的物质，容易达到各种环

保要求。

爱美的我们又怎么会忽略地毯的艺术美化效果呢?

地毯是世界范围内具有悠久历史传统的工艺美术品之一，其可塑性比那些硬性地面铺装材料可强多了，只要是你想象得到的图案，在工艺上几乎都能做出来，而且成本相对于石材、实木等来说比较低，丰富绚丽的色彩、多样化的造型，对于装饰环境的美化和个性空间的体现能起到很好的效果，若能与布艺、家具等配搭得当，则使整体风格更加协调。特别要注意的是，如果地毯太花了，会让人感觉很乱，效果适得其反。

根据整体空间的软装风格，确定好地毯的图案式样和色彩之后，还要仔细衡量地毯的实际使用环境和实用性，然后便可以选择具体材质，到底是用羊毛（最常用也是最贵的）、腈纶，还是混纺（羊毛与腈纶的结合体，但视觉与手感均比腈纶要好）；

或者应该用麻料（东南亚风格空间常用天然麻料，便于清洁打理）、皮毛还是PVC。

下面介绍几种常用的地毯材质：

1. **纯毛地毯。**

中国的纯毛地毯是以土种绵羊毛为原料，其纤维长、拉力大、弹性好、有光泽，纤维稍粗而且有力，是世界上编织地毯的优质原料。目前，有的厂家将中国的土种绵羊毛与进口（如新西兰等国）毛纤维掺配使用，发挥进口羊毛纤维细、光泽亮等特点，也取得不俗的效果。纯毛地毯的重量为1.6~2.6千克/米^2，适用于高级客房、会堂、舞台的地面。近年来还出现了纯羊毛无纺织地毯，它是不用纺织或编织方法而制成的纯毛地毯。

2. **混纺地毯。**

混纺地毯是以毛纤维与各种合成纤维混纺而成的材料，因其当中掺有合成纤维，所以价格较低，但同时使用性能也有所提高。如在羊毛纤维中加入20%的尼龙纤维混纺后，可使地毯的耐磨性提高五倍，而装饰性能也不亚于纯毛地毯，并且价格更低。

3. **化纤地毯。**

化纤地毯也叫合成纤维地毯，如聚丙烯化纤地毯、丙纶化纤地毯、腈纶（聚乙烯腈）化纤地毯、尼龙地毯等。它是用簇绒法或机织法将合成纤维制成面层，再与麻布底层缝合而成的。化纤地毯耐磨性好并且富有弹性，价格较低，适用于大部分建筑物的地面软装。

4. **塑料地毯**（PVC）。

塑料地毯是采用聚氯乙烯树脂、增塑剂等多种辅助材料，经均匀混炼、塑制而成，它可以代替纯毛地毯和化纤地毯。塑料地毯质地柔软，色彩鲜艳，舒适耐用，不易燃烧且可自熄，不怕湿。塑料地毯适用于宾馆、商场、舞台、住宅等场所，因其耐水，所以也可用于浴室，起防滑作用。

这些不同的材质，可以制作成不同款式的地毯。比如化纤、塑料或无纺织的纯毛地毯，一般可以制作成整幅成卷供应，铺设效果能使室内有宽敞感和整体感，但损坏不方便更换。而纯毛质地的一般制作成块状地毯，经常是成套地供货，每套由若干块形状、规格不同的地毯组成，在使用的时候，应考虑成套分散用于整体空间的不同区域。

目前市面上还有一些花式方块地毯，由花色各不相同的小块地毯组成，它们可以拼成不同的图案。这类型块状地毯的铺设更为方便和灵活，位置可以随时变动，给软装设计者提供了更大的选择性，也可以满足空间使用者不同的喜好，而且地毯严重磨损的部位可随时更换，从而延长了地毯的使用寿命。在室内巧妙地铺设小块地毯，常常可以起到画龙点睛的效果，不但可以破除地面大片色块的单调感，还能划分室内不同的功能区间。门口毯、床前毯、过道毯等均是块状地毯的成功应用。

另外，一些拼块地毯（也称为方块地毯）则多用于公共空间，其大小规格有：50厘米^2、100厘米^2，这些都适用于办公室、会议室以及飞机场等公共空间。

现在重温一下地毯的软装原则：

1. 首先要了解地毯材料的特性，这是先决条件。

2. 仔细斟酌实际使用环境，根据地理与气候等条件选择地毯材质。比如容易出现“回南天”（极度潮湿闷热）天气的广东地区就不太适合采用麻料地毯，因为它很容

易受潮发霉，难以打理。

3．实用性是必须考虑的。根据空间场所功能的需要，选择适当材质和款式的地毯。例如为小孩子活动而设计的空间，并不适合用毛料的地毯。（虽说毛茸茸的显得很可爱，容易吸引孩子们的眼球，但实际使用时，“毛茸茸”却很容易被孩子玩耍时扯坏，毛料一旦被小孩吞食，可能会危害健康。）又如，酒店大堂的宽敞环境适宜用整幅成卷的地毯，办公室则多用拼块地毯。

挂饰：挂饰贴心，美化墙面

说完地面，说墙面。

一般理解墙面的装饰，可能第一反应是想到墙纸。但墙纸这玩意儿更多被归纳到硬装的领域，因为其更换程序繁复，实在也不“软”。然而现在流行的一种“墙贴”，却是实实在在的软装。墙贴的图案款式千变万化，工艺简单，满足个性化需求，并且方便更换，可以随着季节变更或心情喜好的变化而随意变换墙贴主题。

除了这种新型墙贴，更常用于墙面的软装物料，当属挂饰。

挂饰是个活宝！它可以使墙面不再单调，为空间增添层次感。有时候，挂饰甚至就是一个空间的主题所在，一幅《蒙娜丽莎的微笑》或者一幅《骏马图》，又或是一件野牦牛角的挂饰，“贴心”的宝贝无需一句话，就足以说明这个空间主人的审美情趣。人们甚至为了一件心爱的挂饰，将整个空间都装饰成与之搭配的一致风格。有些精品酒店，也会赋予客房不同的主题概念，挂饰在其中所起到的彰显个性的作用不言而喻。

挂饰的种类可谓海量，五花八门的或挂或贴在墙上的装饰品都在其中，既然有那么多挂饰，如何在同一个空间中配搭运用呢？总不可能将所有元素都堆在一个空间里吧？

挂饰之中最大的品类当属挂画，我们可以先从挂画入手。这要求软装设计者对于平面、色彩、空间做出综合考虑，三个因素缺一不可。尤其在空间软装的整体效果中，要运用好挂画这种平面艺术表现形式，软装设计师的审美力与判断力十分重要。

出发点，当然是空间的整体风格。挂画要与所处空间的整体软装风格作出契合，最好能做到意味深长、满载底蕴，这需要审美天分和不断的练习，但跳跃性不能太大，比如在一个后现代装饰风格的空间挂一幅中国工笔画就会显得格格不入。

另外，同一空间的其他软装物料材质，也对挂画的选择产生一定影响。比如，在中式古典的空间中常见的丝绸和红木，与之配合的挂画当选端庄典雅、古香古色的水墨画；而美式乡村的空间则多用碎花布与藤摇椅，这时最好选用充满阳光和大自然气息的田园风光挂画。

还有一点十分重要，大尺寸的画作，就不宜与小型的家具搭配，否则会让人有“头重脚轻”的感觉。另外，如果在家居里配上的挂画挂饰，纯粹是为了点缀空间、渲染环境或增加层次，那么它并不是主角，不能喧宾夺主，挂画的画面就不宜过于夸张或用大面积的艳丽色彩。说到底，还是“尺度”的问题。

接下来，我们就来了解挂饰的“大头”——挂画的种类吧。要是按画的种类来分，一般有：油画（原创或仿名画）、国画（原创或仿名画）、水彩、版画、印刷画（包括摄影作品），还有一些个性挂画，包括多媒体画（电子画），和一些创意挂画，如将餐具、动植物标本、纽扣等放置于画框内作为装饰。

其实所有的材质都可以用来做挂饰，只要你敢于发挥想象力，甚至可以DIY！

这里总结挂饰的运用规律：

1. 把握平面、色彩和空间的平衡关系，挂饰主题必须与整体空间风格契合。

2. 色彩的搭配。这是相对于整个空间来说的，比如挂饰与窗帘和家具的颜色搭配。

3. 挂饰一般相对墙面大小、门窗的宽高来衡量尺度。

4. 画芯的内容与环境是否协调。

5. 画框的选择。

6. 版权问题（最好请供应商出示相关版权资质证明）。

饰品：饰品点缀，活色生香

饰品在软装八大类中，处于从属的地位，要根据整体空间来搭配。这里说的是狭义的饰品，主要指用于摆设的装饰工艺品，常见的有雕塑、陶瓷、玻璃器具、相框、香熏等。在软装物料中，饰品起到点缀的作用，是营造环境气氛的好帮手。

而且，饰品的装饰作用是“多感官”的。也就是我们后面会说到的“五觉”，从外观形状、颜色图案、声响音效、气味、触感等不同方面来打造环境氛围。比如一个香薰炉，随你心情点上不同的香薰，便散发出不一样的气味，既有实用功能净化空气，同时也是精致的装饰摆件，配合茶席一同摆设，更添情趣，香薰加上茶与花的气味，一室芳香。这时如果有心人在旁再添置一张古琴，乐声、熏香、茶趣，便是极好的软装。

除了“多感官”，饰品还有一大特点就是“多元”，不同种类的饰品可以随意组合变化，位置也极易改动。根据空间的尺度、生活和使用习惯、风格主题、色彩搭配等原则，从整体上综合策划装饰设计方案，饰品可以出现在空间的任意角落。

如果按材质来分类，饰品包括陶瓷、玻璃、金属、木质、PVC等，其材质种类也是十分广泛的。

饰品的软装搭配关键在于：

1. 色彩搭配；

2. 空间尺度。

花艺：花艺点睛，自然出彩

红花虽好，须有绿叶扶持。

花艺（也包括绿植和人造树等），就是软装物料中的绿叶，对整体软装起着画龙点睛的作用。在城镇化推进过程中，身处石屎森林中的人们，尤其渴望和大自然亲密接触，同时这一块在软装物料中的造价相对来说并不高，效果却是立竿见影。所以在软装设计中越来越受到人们的关注和青睐。

图1

图2

花艺能否使空间软装更出色，关键在于其质感和它经过艺术修饰后所呈现的姿态。因此，在选购材料之前，需要考虑两个问题：第一是花与空间的协调性，花卉的色彩和姿态应该和空间取得协调，让人看得舒服；第二是必须使花与空间使用者产生关联，让人们感受到温馨、生气勃勃的祥和气氛。（如图1、图2）

从花艺的选材上来讲，通常可以分为鲜花和干花。而所谓的“假花”（即人造花和干花）也是分不同材质的，比如仿真花的可塑性就很强，而干花则难于塑形。以住宅工程项目的软装为例，一般在样板房内会使用仿真花、布质花、纸质、干花等不同材质的人造花，具体布置要根据空间区域的需要而作出决定；而销售中心的现场则会放置真花花艺和较大的真盆景等。所以花艺的软装，根据不同场所的要求，使用原则也不一样，例如五星级酒店，就多数会使用鲜花，而且尽量选择花期为5天以上的花卉，以便维护和打理。（如图3、图4）

另外，花艺布置的摆放位置也很有讲究，因为所有的空间都应该有一个视觉重点，如何把握住视觉重点，将点睛之笔一击即中，就是考验软装设计者的功力了。以住宅空间为例，客厅的花艺应该选择沙发的一角作为最重要的视觉点，如果选择使用鲜花作为花艺材料的话，可以

图1　白天鹅宾馆故乡水的绿植布置
图2　正佳商场内的花艺和人造树
图3　花园酒店酒吧
图4　香格里拉宾馆婚礼样板空间插花

图3

图4

图5　吉祥如意
图6　硕果累累
图7　墙角配花
图8　沙发茶几小品

在该地方摆放一个花瓶，插上连翘、叶牡丹、金百合、爱丽丝、球果等花期长又具有吉祥意味的植物花材。（如图5、图6）

在花艺的形态设计上，则应该呈现出直上形，为客厅营造素雅朴实及生气勃勃的气氛。客厅毕竟是休闲的场所，也可以在其他方位多布置一两处花艺，但不宜太多。比如嫩黄的法国小菊因本身姿态柔和，颇能呈现浪漫的气质，适合插在锥形砖红色容器中，使小菊呈现向外散开的插法。如果能配合客厅的自然光，那么柔和的黄菊在跃动的阳光照耀下，能将客厅烘托得十分高雅。

图7

图8

图9

图10

花艺的摆放位置、品种和颜色的搭配，使花艺为空间创造出不同的气氛和效果。这要求软装设计者必须找出空间的主题重点——是要淡雅的还是喜庆的，要宁静平和的还是欢乐愉悦的。如果要使空间显得高雅，首选当然是白色或黄色的花卉，然而在过年或喜庆节日中，则通常选择带有橘红色的花卉。在总统套房、高级寓所、奢华别墅的小客厅、书房、梳妆房、卫生间等也都可布置一些雅淡的小品插花。这些色彩的本身都不会干扰空间，但是配搭花艺造型之后，就自然会使得空间呈现不同的氛围。（图7至图12）

图9　桌面小品
图10　卫生间小品
图11　总统套房小客厅茶几插花
图12　总统套房小客厅茶几插花

图11

图12

每件花艺作品与周围环境的整体协调是很重要的，总统套房小餐厅侧角的一件素雅的插花放的位置真是恰到好处。（图13、图14）。

现今世界的花艺有很多流派，一般来说，各种建筑风格、各种室内陈设、各种异国风情，都可找到合适的花艺来匹配。国内最常见的花艺分为三种形式：东方式、西方式和现代式插花。东方式插花起源于中国，源远流长，其师法自然，讲究意境，崇尚诗情画意。以线条造型为主，凭姿态奇特、优美取胜。如环境是东方式的家具，就要摆设东方插花，并以瓶插为主，底座几架最好也要有东方的韵味，增城宾馆大堂的大型东方插花就是一例（图15）；而西方式插花，一般是仿几何图形的，追求大堆头，利用艳丽色块，表现出热情奔放、浪漫的风格。若周围环境是完全西式的家具，则要插制西方式插花。第三种，现代式插花，是当今东西方文化交汇，受到各种美学流派的影响而产生的新潮插花。其特点是大量使用架构，在选材、构思、造型上更加广泛自由，特别强调

图13 总统套房小餐厅侧角插花
图14 总统套房小餐厅插花

图13

图14

图15 增城宾馆具有东方式风格的大型插花
图16 白云宾馆内具有现代风格的大型插花

图15

图16

装饰性、特殊性，更具时代感和生命力。在现今的星级宾馆、大型会展或豪华别墅中非常适用。（图16）

重点回顾：

1. 花艺是软装物料的点睛之笔；
2. 注意花艺与空间主题的协调性，以及花艺与使用者的关联；
3. 真真假假，花艺选材根据不同空间需要而定，摆放位置有讲究；
4. 品种与色彩的搭配，使花艺创造出不同气氛效果。

餐具：餐具厨具，厅厨精灵

餐具，是指用于分发或摄取食物的器皿和用具。而我们用于软装布置的餐具，一般是指放置在饭厅餐桌上的摆设，或厨房内小量日常需用到的餐具，包括成套的金属器具、陶瓷餐具、茶具酒器、玻璃器皿、盘碟和托盘以及五花八门、用途各异的各种容器和手持用具，例如烛台、蜡烛、餐巾、水晶高脚杯等。在这里，我们将厨具也包含进来，也就是我们真实生活中厨房里应有的用品。

餐具厨具的软装，主要体现在住宅空间项目和一些酒店、餐厅等涉及餐饮需求的空间当中，又以在住宅项目使用得最为广泛。当空间的整体软装达成一致，家具风格和墙壁地面的装饰相协调，布艺织物、灯具及饰品、花艺的整体色调相互映衬之后，我们可以把目光投向更加细微的地方——餐厅和厨房。

现代都市人的生活节奏很快，但人们对餐具的要求从来就没有降低，而且，我们对餐具的实用功能更是越来越重视了。可以看到，现在市面上十分流行的一类餐具，在功能设计上都很讲究“实用”。这类餐具突出了自身的功能性，并以“实用为主、装饰为辅”的原则对其进行设计，造型简洁的餐具颇受一些工作繁忙的消费者喜爱，尤其是白领阶层。于是，软装设计师也首选这类实用性的餐具作为软装物料，理由很简单——百搭。

另外，餐具的操作模式和材料使用，也会使整套餐具与使用者之间建立起一种心灵上的交流。比如，不锈钢的餐具和陶瓷餐具的触摸手感和舒适度就不一样，有时候需要配合着使用。又例如，以日本风情为主题的料理餐厅，就不太适合摆放不锈钢烛台，而应该多配天然材质如石头或木制的餐具附件摆件，且厨房也应该配以制作日本料理的工具，使综合情景符合逻辑。而有些在儿童餐厅区域常用的塑料餐具，当然也不适合放在新古典主义风格的餐厅餐桌上。

根据整体空间的风格，尤其餐厅的设计风格，来决定餐具厨具的外观形态、功能和材质。如此一来，餐厨二具就成了你的软装小精灵，帮助你“细节取胜”！

难道你不觉得，一个住宅空间，有了餐具厨具的摆设，才真正有了生命吗？这样说好像有点夸张，或者说，有了餐厨二具的点缀，才有了居住的气息，它们就好像是在空间里活泼舞动的精灵，将空间与人的关系拉近。甚至，明明身处样板房，你却感

觉如同回家。这是你自己的房子吗？这不是意味着你可以在家里享受天伦之乐、与亲爱的或友爱的共聚晚餐吗？

虽然说餐厨二具最主要的选择原则是实用性。然而，选择一套适合空间主题氛围的餐具，是十分重要的。餐具的风格当然要和餐厅的设计相得益彰，细节往往更能衬托主题，比如真实主人或虚拟主人的职业、兴趣爱好、审美及生活习惯，都可以从他/她使用怎样的餐具而得知。使用一套外形美观且工艺考究的餐具，还可以调节人们进餐心情，增加食欲。

小　结

关注空间中的每一个细节，处处是软装。

有时，我们在布置样板房的时候，为了整体效果更加出彩，加强空间与人的联系，增添认同感，还会同时摆放一些书籍、洋酒、红酒、雪茄和运用墙纸色彩配搭等，这也就是下一节里面提及的“满足个性化需求的服务”了。

4-2 轻松进阶——唱好“软装三部曲”

其实，“软装八大类”的说法，有点过时了。我们有更加合理的分类方法，请听——“软装设计三部曲”：

第一乐章

基础部分：为了实现空间基本功能（也就是必需品类）。

物料包括：家具、灯饰、布艺。

第二乐章

装饰部分：在空间上能体现的设计效果（属于环绕主题，“人有我有”的摆设）。

物料包括：挂饰（挂画）、地毯、花艺、饰品（工艺品）。

第三乐章

特色部分：能满足个性化需求的服务。

物料包括：多种个性化的艺术品（种类繁多，这里不作列举）。

你认为这件集合视觉、触觉、听觉、嗅觉、感觉的“五觉”饰品很神奇吗？进入下一节，你就会知道答案。

4-3 玩转软装 ——熟用“五觉概念”

其实，从事软装设计，真的是让人五感交集。如果你没有“五感交集”，那你也不可能做好软装。因为，“五觉”可以说是一把总结、评价与衡量软装设计效果的尺子。“五觉概念”，就是指视觉、触觉、听觉、嗅觉、感觉。要是能做到将这“五觉”和谐地融汇于空间的软装设计之中，那么你就可以毕业了。

视觉

数学＋美学：比如运用几何图形的家具、挂饰等组合。注意简繁适度，不要太夸张不踏实或过于刻板守旧。

色彩×2：从视觉效果看，人们对色彩的反应最为强烈，软装的配色设计与空间规划所营造的氛围能够直接感染人的内心。

灯光^3：灯光是极佳的视觉效果营造工具，一位精通照明技术、熟识灯饰风格的软装设计师所陈列的空间往往更受欢迎。还记得“重塑软装的神来之光”吗？

触觉

无论在客厅的沙发上还是在卧室的床上，最惬意的事莫过于冬天抱着使人感到温暖贴心的毛绒的抱枕，夏天睡在让你感到凉爽舒适丝滑的床铺上。

因此，地毯、靠垫、抱枕等软装物料搭配的第一原则，就是要令人去碰、去摸、去抱、去躺。它们的存在就是为了要跟人产生亲密接触。

无论是可爱的粉嫩公主风还是奢侈品牌的皮草制品，如果看第一眼就忍不住要去摸一摸或想要躺在上面睡上一觉，那么，这软装就成功了一半。触摸过后，感觉舒服甚至不舍得离开的话，那软装设计就功德圆满了。

听觉

不知道你有没有发现，一套配乐做得好、有原创音乐的电视剧，其收视率比一般随便配些陈年老调甚至没有音乐的电视剧要高；一家高级服装零售店如果播放着吵耳的迪厅节拍音乐，无异于“赶客”；有情调的西餐厅，常有乐队演奏些慵懒暧昧的爵士乐，或有歌手呢喃细语般轻唱着关于爱情的歌曲，相信为用餐情侣增添不少浪漫指数……这些例子比比皆是。跟你息息相关的是：

样板间的音乐要是放对了，有可能促使客户下决心买下一套房子。即使没那么神奇，起码能大大提升看房体验的舒适度。

声音，总是能左右人们的心情。而音乐，会通过耳朵，触碰你的灵魂。

嗅觉

有人说，会涂香水的女人特别性感。

嗅觉和听觉一样，虽没有视觉和触觉在软装物料中体现得如此广泛，但它们顺应从耳朵、鼻孔、嘴巴到心灵的感官走向。

养些绿植，插些花艺，点上香薰，这不仅让人身心放松，更是一种心灵寄托。绿植在功能上可以净化空气，在软装上则可以使整体风格更加突出。有时候，绿植和花艺还是“遮丑布”，因为家具材料同样决定着室内是否有噪声和污染，要是家具选不好，这些小精灵们就要为家具或其他物料的不足而“补缺”，使它们扬长避短。

感觉

软装也需要设计出“眼缘”，也就是人们常说的“感觉”。

如果你看见它就莫名地喜欢，想拥有，会主动购买，那么它的供应商不会再为销量而发愁。

“不爱那么多，只爱一点点。别人眉来又眼去，我只偷看你一眼。”（李敖）

没错，感觉对了，根本不需要过多的装饰。有时，感觉是一台怀旧的留声机；有时，感觉又是一尊木雕的弥勒佛像；有时，感觉是阳光灿烂的午后的一杯咖啡；有时，感觉又是结束一天疲惫后，回家坐在紫檀木交椅上，手心触摸着温润质感的一刻……

你找到感觉了吗?

EXAMPLE

三人行，必有我师

第五招

描红——入门之必杀技

了解了软装的风格，摸透软装和空间的关系，又借着软装大门的那道“光”，掌握了基本的入门工具之后，你应该对自己有点信心了吧？起码，你可以自信地说：“软装设计并不是一座遥不可及的冰山。”

如果你还是觉得有一点胆怯，或者在动手设计的时候多少有些忐忑。那么最后，我们就慷慨地再送你一招吧！

5-1 什么是描红？向大师学习

“熟读唐诗三百首，不会作诗也会吟。”

练武功也得多向师兄师姐们学习，你知道什么是描红吗？描红富有直观性，通俗浅显，行之有效，所以是初学写字的最好训练方法之一。我们说的“描红”，即是向大师学习。

你听过日本匠人的故事吗？

在一个普通的日本木器家具工厂，一个65岁的师傅带着一群年轻徒弟（研修生）。这群年轻人的整个学艺时间长达八年，前四年是当学徒，紧接着要当四年新手，然后才算出徒。他们的日常生活，与其说是在学艺，不如说是在修行。从清晨打扫周围环境开始，修炼自己的心性，配合粗茶淡饭的饮食起居，早请示晚汇报，后辈要接受前辈的训导。这些年轻人将学艺放在首位，每天的思想和行动都围绕着如何提高自己的修行和技艺。这个故事的结论是：虚心学习，是入行者、入门汉的最佳良方。

初学者、外行人，站在软装设计的大门口，不懂如何下手，就可以向大师学习，借助前人的力量和智慧，站在大师的肩膀上，学习效率得到快速提升。那么，描红又该注意些什么呢？如何避免抄袭，而开拓了自己的思路？

就像真正的描红练习时需先读帖、后书写，我们在软装“描红”的时候，也该先读透前人、大师的经典案例作品，记住大师的设计思路，最好能够总结出经典案例的设计主线和软装主题，并且将大师的软装物料配搭方法理解透彻。

在动手之前，可以在脑海先演示一次，我们称之为“书空”练习，以便对软装设

计的每个步骤的起承转合、物料搭配、细节把握等做到心中有数。真正操作的时候，就要动脑了，一定要把“描红”练习中所体验的“手感”加以强化，无须苛求每一处都绝对吻合，譬如有些色彩搭配或物料搭配可能会“过”了或者不够到位，也属于正常现象，重要的是在练习中掌握空间结构的比例、标准、常规搭配、冲突避让，以及强化自己的观察力和敏锐度，形成实际的设计能力。

通过反复的“描红”，你将逐渐掌握熟练的技能技巧。这个时候，千万不能依赖，而是需要及时扔掉“描红拐杖”，尽早过渡到“独立书写”。正如文字描红的目的是为了理解字的结构，乃至文字中的精神，软装描红的目的则是为了理解软装的空间结构、操作程序、物料选取、配饰步骤，先打好坚实的基础，从而理解软装的灵魂和精神，形成带有设计者个人风格的软装作品，甚至是为了满足每个不同的空间需求而设计的软装典范。这，才是“描红”的本意。

5-2 入门必杀技
——师兄舞剑你来“描”

以下案例，你可以从中借鉴学习。

既然是分享给大家学习和描红，案例自然要完整，下面就由津津和乐乐带大家去看看这个位于海滨旅游城市的项目——一共有四套样板间，分别以新古典风格和自然风为装饰主题。

描红范例A：新古典的家

首先展现两套新古典风格的现代住宅项目案例，虽然新古典风格起源于欧洲，但是近年来在中国的居住空间装饰中十分流行，我们暂不探究其原因或影响，只将当中演绎得比较到位的案例拿出来跟大家分享。

这个项目的软装设计要求是稳重、大气、内敛、简洁。软装设计师通过对色彩以及材质的调控，烘托出整体空间稳重、大气的氛围，再通过饰品的细节来衬托空间气场，并且为这个住宅空间赋予了人物性格，也就是有了虚拟的主人，你不妨从中找出一套适合自己的模式。

津津：看这个新古典风格的空间设计，无论大堂还是样板间内部，软装达人将传统的新古典元素简化提炼，以简洁的线条勾勒出新古典的意味。

乐乐：是的，通过整体色彩和布艺的轻重交替搭配，就能达到烘托气氛的效果了。

津津：走进这个样板间的客厅，你有没有发现新古典风格也能呈现简洁的效果？

乐乐：是啊，这个毕竟是现代人居住的空间，原来新古典的元素也可以通过地毯的花色衬托出来。

津津：大理石茶几与玫瑰花艺装饰相呼应，加上水晶花瓶和其他水晶饰品的点缀，整个空间更灵动通透了。

乐乐：过来餐厅看看，这个空间更有新古典的味道。看，这套绅士餐盘为餐桌带来不一样的情调，还有手绘挂画，是独一无二的。

津津： 这个样板间的主卧设计摒弃了过多的色彩和繁琐的部分，还主卧一个纯净的黑白灰空间，通过一些细节，比如几何图形的渐变色抱枕，让整个空间简洁却又不乏生动。

乐乐： 这是另外一套主卧。虽然同样是运用新古典风格的手法，但却造出了另外一种味道。紫色调的布艺也是新古典风格中常用的元素。

津津： 是啊，我感觉这家主人应该是很有个性并且追求浪漫的人。

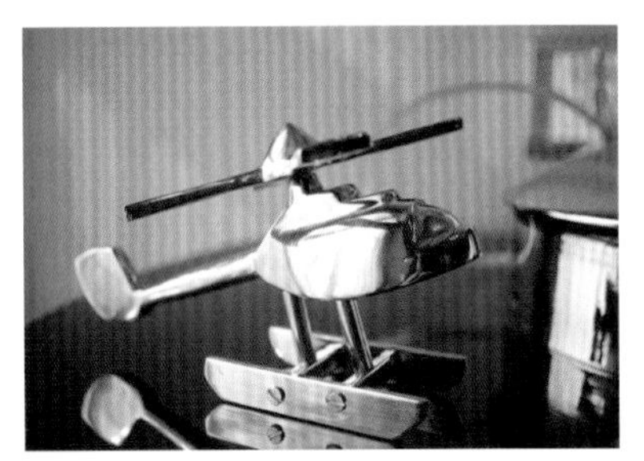

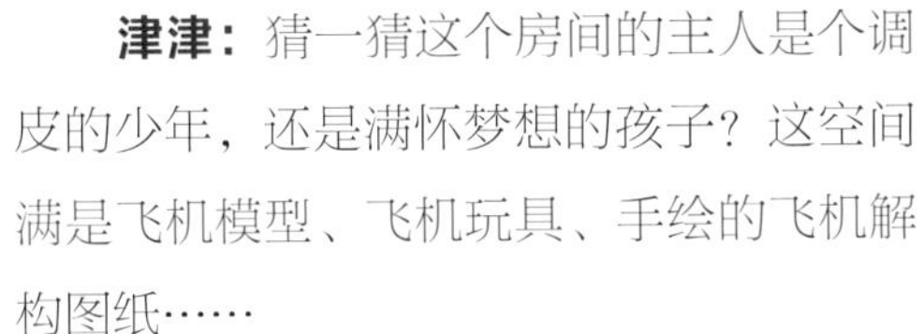

津津：猜一猜这个房间的主人是个调皮的少年，还是满怀梦想的孩子？这空间满是飞机模型、飞机玩具、手绘的飞机解构图纸……

乐乐：看来软装达人是用了自己少年时的飞机梦，快乐的、一钉一锤的布置好这个孩子房。

乐乐：这边的一看就知道是女孩子的房间，看来爸爸妈妈把女儿视作公主。梦幻般的粉色墙纸、钻石皇冠的挂画、大白熊宝宝、公主床架和荷叶花边的床品……

津津：这个女孩子在学小提琴呢！

乐乐：过来看，这应该是一个长辈的房间。一本外文书，一套咖啡杯，一朵小花，我想这传达的是一份舒适的休闲。

津津：从饰品的摆置就能知道，这一定是个雪茄爱好者的书房，你看那雪茄做的画芯，简直就是整个书房的点睛之笔。

乐乐：我这边的应该是个年轻人的书房，摆着运动小人的雕塑和摄影机，他有许多不同爱好。看这些挂画，似乎说着点、线、面的原理，应该就是主人的作品了。

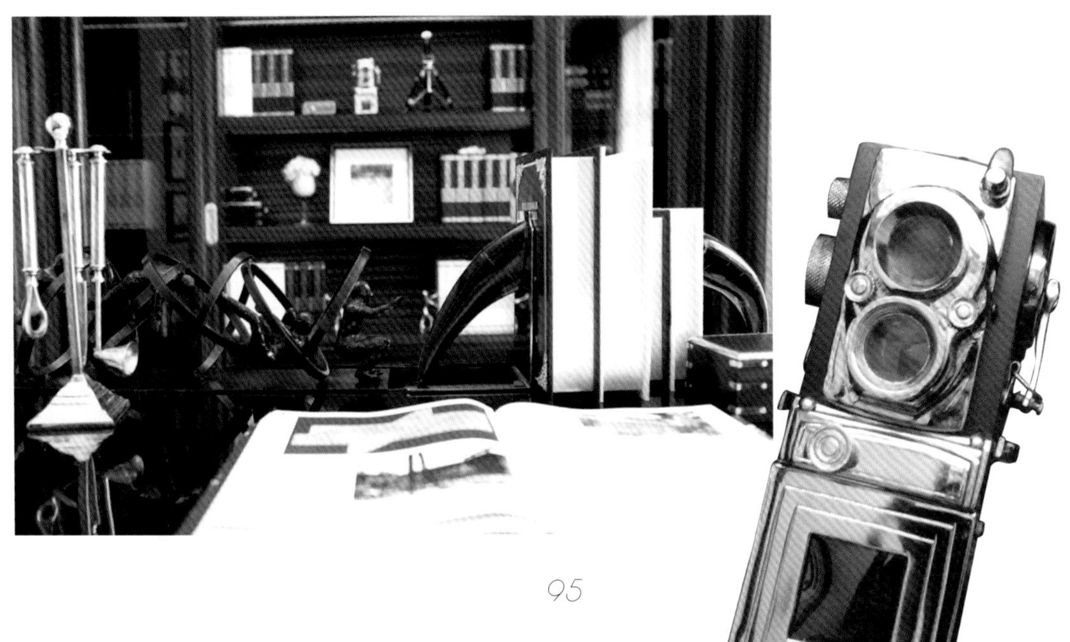

描红范例B：爱上自然风

由于这个项目位于海滨城市，“自然风情”也是整个大环境的卖点。于是，就应运而生了这两套以“自然风”为软装主题的样板间。

软装设计师除了在饰品风格和搭配上多采用动植物元素，在软装物料的材质也下了不少工夫，内外结合，糅合了大自然润物细无声的一面和粗犷奔放的一面。

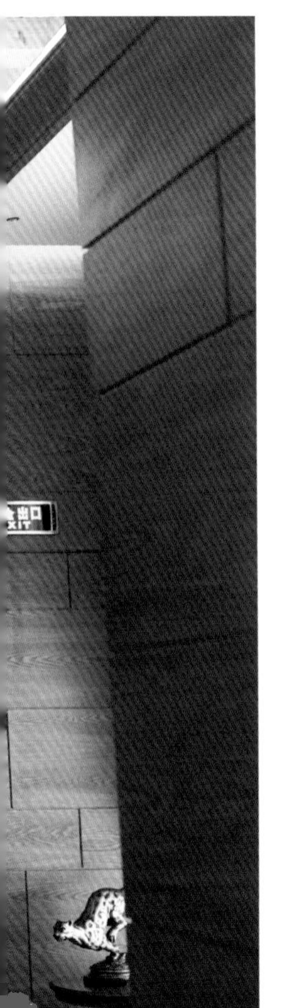

津津：这个大堂好特别，有好多鹿儿、马儿，像到了大草原的感觉。

乐乐：是啊，这里的软装通过各种大自然的元素来诠释自然风的魅力。看那鹿角灯，还有木质的台灯，这些粗犷的材质真能表达原汁原味的风情。

津津：这个服务台是奶牛纹的，好多野鹿造型的饰品——鹿角吊灯、鹿头挂件，还有动物油画……

乐乐：处处都透着一股大自然的气息。

津津：你看这两套样板间的入户花园各有特色，草帽和马缰绳的墙面装饰都能透着浓浓的乡村气息。

乐乐：是啊，入户花园在第一时间就把我们带入自然风情里了。

津津：快进来客厅，软装达人先通过厚重的大色块把整个空间沉寂下来，再通过米色抱枕、布艺单椅和一些浅色的装饰摆件相间搭配，让整个空间活跃起来。很巧妙的设计！

乐乐：这里也有好多动物挂饰和摆设呢，鹿角和牛角造型的吊灯、感觉清新的花艺，加上不同的家具搭配，两套自然风的样板间真的各有风情。

津津： 我们来餐厅看布置得如何。

乐乐： 软装达人选择了比较厚重的家具，配合木质的餐垫、粗狂的刀叉、麻绳编制的储物罐等，粗犷里透着精美，这让人食欲大增啊！

津津： 感觉我们似乎要去非洲大草原野餐。

乐乐： 你看，两个餐厅的软装，选择了不同的花艺，玻璃花瓶和陶瓷花瓶各有特色——花瓶本身就是一件艺术品啊！

乐乐：顺便去厨房看看？

津津：这个空间……那一筐鸡蛋足以让我们疯狂！

乐乐：你看，主卧也贯彻自然风，同样是厚重的实木家具，配以轻盈的花布，饰品方面有雪茄、美酒，渗透的是一种生活品质！

津津： 我听软装达人们说，他们要这个房间干干净净、简简单单，只要舒适安静就好，因为这是长辈房布置宗旨。

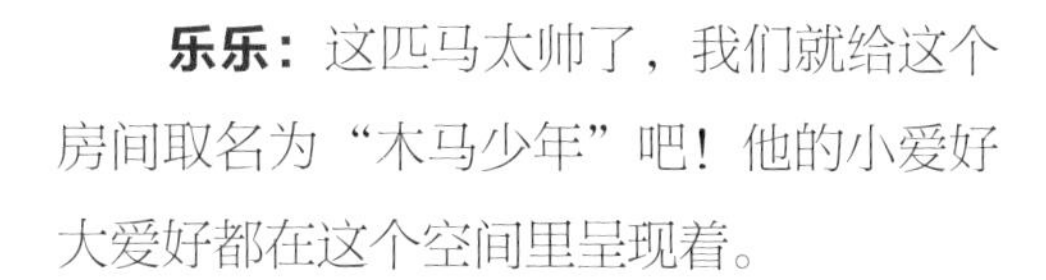

乐乐：这匹马太帅了，我们就给这个房间取名为“木马少年”吧！他的小爱好大爱好都在这个空间里呈现着。

津津：碎花台灯罩、小鸟陶瓷摆件、铁艺公主床、格子毛线毯，在种种自然古朴的软装饰物中透出浅浅的少女情怀。

乐乐：书房的地毯是动物皮？

津津：是仿造的，为了营造大自然的气息，软装达人会定制一些仿造兽皮的地毯，面积较小，而且形状不规则，比较适合铺在书房。

乐乐：老式电话、泛黄的书本，书房的摆设也很自然古朴。

津津：你留意一下这两间书房的挂饰，字母挂饰能激发灵感，描写自然的油画则让人感觉写意自在。

描红范例C：殖民地色彩

在前面的描红案例中，我们已经按照样板间中的不同区域，如客厅、餐厅、厨房、主卧、次卧、书房等，来给大家解说了不同功能空间的软装布置特点。下面这个案例，我们就以一种整体的思维来“感受”软装。

阳光、海滩和错落起伏的殖民地风情建筑，是每一个在夏湾拿留足过的旅客恋恋不舍和难以忘怀的生活体验。于是，设计师给这套以“夏湾拿”为主题的样板间，披上了浓重的殖民地色彩。

津津： 殖民地艺术受到了不同国家的影响，感觉不那么纯粹。

乐乐： 可是，“不纯粹”本身就是殖民地的一种特色啊。

乐乐： 你看这个样板间，集英式、地中海和西班牙风格精粹于一体，热情洋溢、自由奔放、色彩绚丽。

津津：有时候感觉对了，不需要讲究太多的技巧。

乐乐：既然主题是“夏湾拿”，那么捕捉光线可是很重要的一环。

津津：这个设计师用色真大胆。

乐乐：是的，要突出殖民地特色，软装的配色用色必须自由奔放，造型上也需要更加大胆。

津津：感觉有点神秘、内敛，但是又不失沉稳、厚重。

描红范例D：蓝色波普与都市生活

下面这个是大师的案例，非“照猫画虎”的案例。

地点位于一线城市的CBD繁华商圈，定位是国际公寓，来自意大利的设计大师悉心装饰的其中一套样板间的主题是“蓝色波普风”。设计师将意大利家具定制工艺的高贵与精致，融合到活泼、现代、时尚的波普艺术之中，这种前所未有的CROSSOVER跨界设计，使这个公寓空间有一种极具创意的幽默感，令人放松的同时，又充满视觉冲击。

客厅——以高贵、浪漫的定制家具演绎意大利风情，但整体感觉很清新，客厅的气氛很轻松随意，让人一入门便感受到“波普艺术”的包围。

以半弧形书柜作为间隔墙，就似一座书砌的屏风，将客厅与卧室分隔开来。瓷器宠物狗、水晶蘑菇头落地灯、电视柜下的装饰摆件、茶几上的小沙发……这些充满滑稽的意味。

餐厅——同样是布置了定制的家具，家具传承意大利工匠的精巧手工，颜色搭配干净纯粹，餐桌桌脚有着浓郁的波普元素，也注重到高雅艺术与时尚流行的融合。

配合桌面的海洋软装布置，海星、珊瑚、贝壳，这让人顿感错觉，究竟是在海边度假还是在大都会CBD中心就餐？

卧室——窗外是纸醉金迷的霓虹都市，而卧室却有满满的浪漫情怀和一点幽默风趣的波普风。

整体色调以高贵的紫色配上纯净的白色，理性地塑造出宁静舒适睡眠环境的同时，还贯彻了“波普”的原则。设计师打破常规，在一侧的墙身挂上独一无二的现代抽象画组合，是艳丽的点缀，也是软装创作的体现。

灯饰——灯光是最重要的氛围营造物料，能带来极强的感官刺激。设计师没有忽视这一点，并且为之努力：精心挑选的水晶灯，为整体环境的光源塑造，提供了极佳的支持，而灯具本身也是一件件艺术精品。

布艺饰品——浪漫、舒适，是布艺装饰的永恒追求。在色彩与图案上，纯白和天蓝当然与“蓝色波普”的主题十分契合。个性化的软装饰品，能为空间带来意想不到的效果，蓝色波普风的梳妆台前，怎能少了高贵、典雅、时尚的珠宝首饰呢？

厨房——这套公寓的厨房空间同时是入口玄关处，因此设计简洁而不失高雅，纯粹的颜色打造出雅致光洁的厨房。

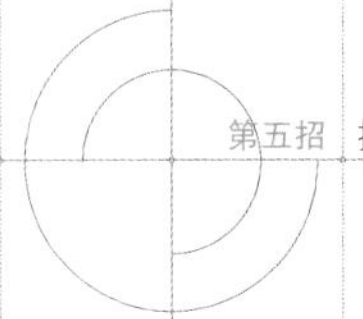

卫浴——洁净的颜色，大气且提升空间感，精致的陶器，营造出写意的气氛。

这套经典之作是谁设计的?

原来是国际设计大师（广州欧申纳斯软装饰设计有限公司合伙人） 贝凯文先生（KEVIN）。贝凯文先生出生于意大利，在地中海中心美丽的岛国马耳他长大，拥有佛罗伦萨艺术与文化学院的硕士学位，从事建筑设计、园林景观和所有版块的室外及室内设计达20多年。KEVIN家族的企业投资集团享誉全球，曾荣获LEED（最新环保元素设计）证书，同时吸引了国际设计大师的联手合作（如法拉利及阿尔法汽车工业首席设计师皮尔诺）。

小结，但不仅仅是小结

以上介绍了描红的缘由、方式及案例，相信你已“照猫画虎”而作品初具“虎威”了。

然而，想要更具“虎气”，我们还应该向前再走一些：

一切的描红，都应找到其“原型”。“原型”就是真正的“虎”，即“照虎画虎”。关于原型，我们在“第一招 练功先练气”已经提出并强调过了，大家可以温习这方面的内容。

其实，要温习的何止“风格原型”，这本书当中的每一个环节都要经常重温、练习，才能将“软装入门术”巩固，继而进阶学习更专业的软装设计技巧，触摸软装饰的灵魂。

软装的那些事

古人常说：兴、道、术。本书的初衷，原本是给意欲入行或刚开始从事软装设计工作的各位“起兴”的，顺带探讨一下软装之“道”（即灵魂），并且留下一点“术”（即初步的软装实操技巧）给大家。

然而，在读图时代和实用主义当前的如今，我们只好先把“术”放在前面，供看官们手到擒来、即学即用，再将我们最想要讲的“故事”，留在后面作为补充。

我们相信，有缘人会看到的，有心人更是能心领神会的。

一、史话中土软装

在软装设计之路上是没有所谓的捷径的，即使你已经懂得了软装设计的基础概念、掌握了许多灵活的技巧，也必须慢慢积累生活的感悟、审美的沉淀。读史使人明智，了解软装的历史，通过认识软装在古今中外的演变与发展，你会找到一个个生动的软装原型。

其实，

早在人类刚懂得使用工具进行生产劳动时，

软装的历史就已经开始了。

（一）从旧石器时代说起

长久以来，人类对美的追求从不间断。远古，人们削尖兽骨、打磨贝壳制作装饰品以为美；在陶器上涂上不同颜色、画上各式图案以为美。

爱美是人的天性。可以说，源远流长的中国软装饰艺术，早在10万年前的旧石器时代就已经落地生根。

虽然这个时代被命名为“旧石器”，然而“旧”不等于不知美为何物，新与旧是相对而言的，而美和追求美的心灵，与时空无关。因此，在10万年以前的旧石器时代，软装饰便已然存在。

01 告别茹毛饮血

自从开始懂得用火来煮食和驱赶野兽以后，旧石器时代的人们就告别了茹毛饮血的生活，踏上人类文明进化的道路，也体现在他们逐渐有了爱美的意识。

10万年前，周口店地区的气候相当温暖、湿润，北京猿人所生活的洞穴可是依山傍水的好地方。但来自大自然的考验依然十分严峻，他们不仅要面对雷电和暴雨，还要提防剑齿虎等猛兽的侵袭。于是，他们常常成群结队，依靠简陋的工具和武器过着采集、渔猎的生活。

软装饰艺术的雏形从旧石器时代开始繁衍起来，人们在狩猎生活之余，看到大自然中各种形态和形状的事物，比如石头和野兽的牙齿，就会想：为什么不做点手工作品来打发时间呢？甚至可以炫耀个人能力，在胸前挂一串虎牙项链："看！我今天又打败了一只剑齿虎。"

于是，一些不以生产工具为目的的器物制作应运而生，逐渐发展成软装的始祖。

那么山顶洞人呢？在山顶洞遗址文物当中除了石器工具，还有很多精美的骨器和贝壳类装饰物品。其中最具代表性的是一枚小小的钻孔骨针，这意味着山顶洞人已经掌握了缝纫技术，他们缝缀起来的兽皮既可搭盖住所，又可以遮护身体，抵御风寒。可以猜想，当这件用骨针缝制的兽皮大衣刚面世的时候，一定风靡整个山顶洞族群，其前卫与创新，该超出山顶洞人耳目所见的一切吧，估计连现今引领潮流的潮人也要甘拜下风了，而且兽纹外套直到如今还是经典款式呢。这件充满设计意味又具备实用功能的兽皮，也许就是最早的软装之一。

除了兽皮，山顶洞人的装饰品非常丰富，他们的大多数装饰品还用赤铁矿粉染上了红色，使这些装饰品更显鲜艳美观，隐隐透露出山顶洞人对美的朦胧向往和追求。

钻孔、磨制、染色，这些新技术都是山顶洞人在丰富生活中的独特发明。既然初步解决了温饱问题，人们就会有更高的需求。有了初步的审美观念，装饰品也随之出现了。

02 十万年前爱美的人和软装珍宝

山顶洞文化的特征就是石制品工业和骨、角及介壳工业，这除了生产工具，更大程度上是用于装饰品的制作。

他们懂得将白色钙质岩石染上红色赤铁矿，制成石珠串做头饰；他们设计出时尚的有波浪形起伏的骨坠，还打磨得十分光滑，常常佩戴在身上；甚至，他们攀山涉水去海岸采集或间接交易获得海蚶壳，穿孔后用来做头饰、颈饰或臂饰。为了得到一件装饰品，舍得费那么大的劲，可想而知，爱美之心自古就有。

山顶洞人喜欢创意艺术更多于制作工具，又或者是艺术装饰品更容易留存下来，因为陪葬品都是选珍贵的、好看的。另一方面，对这些东西的制作加工用了专门的技术——磨光、刮挖、摩擦、染色。换一个角度说，正因为他们有装饰自己和装饰洞穴的需求，所以技术也得到了发展的空间。

山顶洞人知道如何缝纫并喜爱用装饰品来打扮自己，也知道如何通过某种方法进行交易，从远处得到装饰自己所需要的河蚌壳、海生介壳和赤铁矿。那些装饰品和艺术品，就是软装饰艺术在中原地区表现的原始形态。

我们还可以从古代的墓葬墓具中找到古人生活的蛛丝马迹，甚至还原他们生活过程中所用的软装配饰。

比如，大汶口遗址出土的1 000多件陶器就表明了当时的人们已经开始积累财富并以富为豪了，而当中女主人的一系列“雍容华贵”的随葬品，更显示了其时的装饰审美；又如商代王室墓——安阳殷墟妇好墓，玉人、玉龙、玉凤、玉鹅、玉鸟、玉龟、玉兔……不同雕法的玉石装饰品，具有强烈的生活气息，件件皆精品，给了我们一窥武丁时代繁荣兴盛局面的机会。其中的“玉中绝品”——圆雕跪坐玉人，是所有装饰品中最精美的一件，相当于现代的微型人物雕塑，或者是缅怀名人昔日风采的蜡像石像。

安阳殷墟妇好墓除了有玉石随葬品，还有骨器560多件、石器63件、陶器11件以及子安贝6 800多枚……如此令人瞠目结舌的随葬品清单，怎么不使人惊叹于那个遥远时代的王室贵族所掌握的财富与权势！得使唤多少人为这位夫人添置这些装饰品啊？

这样看来，古代的王室贵族，就是软装饰品的主要发源地。

03 穿越到8 000年前的村落

山顶洞人用骨针缝制衣服、以石珠串作为头饰，以海中介壳等材料制作项链挂在脖子上作为装饰；仰韶人则用多彩的颜料和生动的动植物形象使陶器显得美观……

如果仅仅是为了作为生活工具和使用功能，那就大可不必跑老大远找来赤铁矿，再磨成粉来为这些装饰品染色，也不必四处搜寻彩色的颜料涂抹在陶器的表面并刻画上各种生动的动植物图案。或者说，自从人们的审美当中出现了颜色，他们对美的追求又进了一步。以至于他们从祭祀装饰品和工具的制作中积累了技术，由此建造自己能挡风避雨的家园，并为之制造最原始的家具和陈设。

穿越到8 000年前中国古代最早的村落，可以看到当时的人们走出洞穴寻找新世界。没有自然的洞穴不要紧，原始人已经会仿造，用植物的枝干、茎叶和泥土做成顶盖，覆盖竖穴，“半地穴式”的房屋就搭好了。立马有了“安全感”！就像我们今天生活在房屋里，不也有同样的感觉吗?

随之而来的是火塘——生火做饭的地方、围坐交流的地方，同时是祖先神灵的居所。火塘带给一家人熟食和温暖，还有幸运和庇佑，是绝不可亵渎的神圣之所。他们在这里生活、繁衍，许多大型石器工具随之出现，锄、铲，还有琢制的石磨盘、石磨棒，用兽骨加工的骨锥、骨鱼镖、骨刀……他们还会将压削的小石片嵌在骨柄上作刃，制成一把精致的复合小刀。

尽管工具简陋，石器磨制技术也才刚起步，但兴隆洼文化居民已经拥有了琢玉的技术。看那玉玦温润细腻的光泽，8 000年前，她也曾在一位工匠的手中闪烁着同样令人陶醉的光泽，他能想到自己的作品会让8 000年后的人们也怦然心动吗?

不过，兴隆洼村人也没有想到，再过1 000年，河姆渡人有着更加出众的手艺，他们用简陋的石器和骨器甚至加工木材制造出了榫卯，种类之多、技术之精，让后代的建筑学家咋舌，并以高超的技术建造他们的房屋，用纺轮、槌、木耜等工具精心建设自己的家园，还精细地制作他们的工具和装饰品。

这些装饰器物普遍都磨制得很精细，雕刻着图案、花纹或双头连体鸟，甚至还有雕刻精美、象牙制成的碟形器、匕状器和小盅等，可谓是实用的软装工艺品，这些无不显示出当时的精湛技艺以及人们对美的追求。

04 登堂入室看陈设

上述提到的软装饰品，主要是从旧石器时代到商周时期的摆设类装饰品，相当于我们现代的陶瓷、雕塑艺术品等，当然有些也具备实用性，例如盛水装物，类似今天的果盘、花瓶等，然而要是走进古人的家，那一定有更多软装陈设吧。

根据象形文、甲骨文以及后来商周铜器的记载和纹样的猜测，当时已有用兽皮、树叶、树皮等制成的编织物来铺设室内的地面和墙面，并孕育了几、桌、箱柜的雏形。

同时，人类在文明之初，出于本能，首先“饱腹”然后而求“衣”和“居”。比如先祖们用来建造房屋的木制工具和榫卯这种高超的建造技术，都为居室陈设与家具的制造提供了工艺技术条件。

既然有了技术条件，那么在这“居室”当中又有什么陈设和家具呢?

可以说，那些铺设在地板上面的兽皮和植物编织物，就成了后代人们必备的室内家具——“席”的前身。当时人们席地而坐，将陶器等器皿放在地上使用，席地而坐的习俗由此产生，并在中国历史里延续了很长时间。毫无疑问，原始社会逐渐孕育出来的华夏文明，是中国古典家居陈设软装的源头。

4 000多年前就有了彩绘木器家具，有案、俎、几、匣等，这些木器家具的出现，为中国古代木质髹漆家具的产生和漆木家具的制作提供了良好的土壤。到了商周时期，仅仅漆木彩绘也无法满足贵族们的要求，于是他们发明了漆木镶嵌。用镶嵌蚌壳作为装饰，找来不同形状颜色的贝壳、螺蛳壳等作为材料，做成各种形象镶嵌在雕镂或髹漆器物表面，如此一来就充满了天然彩色光泽。

具备了那么多条件，接下来就是中国古代各种形态的家具陆续登场了。这些都是宝贵的软装原型素材啊！

俎——用来切肉的案子，造型对称规整，庄重的直线轮廓使得它可以满足祭祀的要求。祭祀时，俎常与鼎（蒸食器）、豆（盛放肉类的盛器）配套使用。

禁——先秦贵族祭祀、宴享时陈放食器、酒器的案形置物类家具，后演变成为现今橱柜、箱等类型的家具。

几——有靠背的坐具，配合“席”使用。有“五席五几”之说，在不同场合五席与玉岂、雕几、彤几、漆几、素几五种“几”搭配使用。

屏风——室内挡风和遮蔽的用具，到春秋战国时代得到广泛使用。精湛的屏风雕刻技巧和工艺水平后来被更多地用于房间装饰和观赏。后来到了汉代，屏风使用更为普遍，富豪之家凡厅堂居室必设屏风，品类繁多，有镂雕木屏风、玉石屏风、琉璃屏风、绢素屏风等等。

床——卧具。由于形体较大，于是在装饰上更加能结合多种雕刻手法和彩绘的技艺。

需要说明的是，到了春秋战国时期，家具工艺发展到新的阶段，品类不断增多并且有所创新。在这个时候的青铜家具和陈设装饰已经逐渐失去了作为祭祀礼器的功能，而是向生活日用功能方面发展。

从“藏礼于器”到日常生活，

软装陈设在中国历史上的发展又迈出重要的一步。

（二）比如诗歌

诗如人生。诗歌，以韵律、富有感情色彩的语言形式，高度集中地反映了社会生活。那么我们也不妨从古代的诗词歌赋当中，窥探中国古代人们生活中的软装艺术。

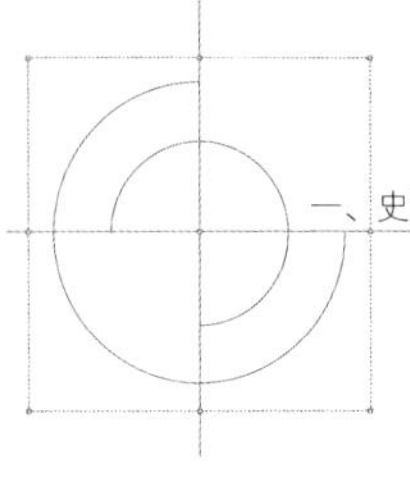

01 红罗复斗帐——唱一阙凄美情诗

“妾有绣腰襦，葳蕤自生光；红罗复斗帐，四角垂香囊；箱帘六七十，绿碧青丝绳，物物各自异，种种在其中。”

——《孔雀东南飞》

在人们熟悉的古诗《孔雀东南飞》当中，就有一段关于软装陈设的细致描写，翻译过来就是：“我有绣花的齐腰短袄，上面美丽的刺绣发出光彩，红色罗纱做的双层斗帐，四角挂着香袋，盛衣物的箱子六七十个，箱子都用碧绿色的丝绳捆扎着。多种东西各自不相同，各式器皿都在那箱匣里面。”

从这首长篇叙事诗的描述中，我们可以看到东汉末年的婚姻制度以及嫁娶仪式的细节，而由此推断出新娘子嫁到夫家之后其房间的全貌。由于是新婚，所以必须用红色的罗纱做成双层斗帐。这种双层斗帐在那时应该是很不错的软装饰了，因为新郎焦仲卿好歹是个小官吏，所以家居布置会有所讲究。加上新娘刘兰芝也算是知书达理的人，因此还在斗帐的四个角落都挂着香袋，在现在看来这显得很有生活品质。

该重温一下前面正文提及的「软装八大类」和「三部曲」当中的布艺物料了。

在这个卧室空间，不仅有红绿的颜色对比，还有空间层次，甚至有香气味道，这说明古代的人们就已经推崇“五觉”空间享受了。

还有一个有趣的地方，那就是在这诗歌当中出现的纺织品几乎都是软装。

可以这样说，自从有了纺织品，人类就告别了“茹毛饮血”的野蛮年代，进而步入文明社会，同时，也使室内软装饰的发展迈进了一大步。纺织品绝对是软装饰发展历史的大功臣，以至于发展至今，“布艺”成为软装饰艺术的重要组成部分。

02 透过歌赋看纺织软装

同为东汉时期的班固也著有提到软装纺织品的赋——《西都赋》，其中就有“屋不呈材，墙不露形。裛以藻绣，络以纶连”的描述，能看出当时朝廷贵族的宫室都以丝织藻绣来做装饰，以至于不能看透房屋的建材，而且墙面的形状都被藏起来了。

王宫自是软装饰艺术发展的重要领地，而实际上，当时就连一般的富人也使用“五色绣衣，缛绣罗纨、素绨冰锦”，而且坐卧的席子要“绣茵”，床上帐幔也是“黼绣帷幄”“锦绨高张”，甚至死后殉葬的口袋也是“缯囊缇橐”。由此可见，纺织品业和刺绣工艺在汉代空前繁荣，相信其重要的原因就是人们希望将自己打扮得更加漂亮，并将房子装饰得更加富丽堂皇。

自古人们从洞穴里走出来，建造起自己的家园，布置精美房屋的追求就一发不可收拾。那究竟纺织业的繁荣，将东汉王宫的软装推到了怎样的奢华程度?《西都赋》写的就是都城长安的壮丽宏大，宫殿之奇伟华美，字里行间细致地描写了东汉王宫的建筑与室内装饰，为我们研究古代室内软装饰艺术提供了很好的参考案例。

从外到内，《西都赋》先是通过宏伟的建筑和铺张的外部园林设计，以表达其王宫建造的奢华以及挥金如土。然而进入后宫的内部，才是真正的“压轴戏”。

首先是选址，“其宫室也，体象乎天地，经纬乎阴阳。据坤灵之正位，放太紫之圆方”。这顺应了中国传统的风水学说，在一定程度上有其科学依据，毕竟方位坐向会影响室内环境的通风采光。

然后涉及房屋的许多细节之处，“雕玉瑱以居楹，裁金壁以饰珰”。试想想，为庭堂的梁柱添加玉雕的环饰，还在屋顶的玉质瓦当上加以“金壁”做装饰，那是真真正正的“金玉满堂”啊!

“列钟虡于中庭，立金人于端闱。”这相当于我们现在酒店大堂会放置著名的雕塑，而这王宫大门立的不是铜像而是令人咋舌的“金人”，“金人”实际是铜人，古时将铜称作金。

“金釭衔璧，是为列钱。”在宫殿墙上，用镶嵌着玉石的金环排列在一条横木上作为装饰物，就像连贯成串的钱一样，这是何等奢侈！

从“红罗飒纚，绮组缤纷。精曜华烛，俯仰如神”可以看出，东汉人在装饰王宫的时候虽然是奢华至极，却是具备了审美情操，毕竟考虑到了颜色搭配和灯光效果，这笔花费是值得的。

03 软装色香味

为什么诗词歌赋的内容总是宫廷生活？一方面，古代文人墨客的创作题材大都源自于宫廷生活和自身风花雪月的经历，即使要反映民间疾苦也喜欢通过贵族宫廷的豪华奢侈来对比映衬，以针砭时弊；另一方面，古代宫廷的确是中国软装饰艺术发展的温床，那里有充分的需求、充足的营养和优越的工艺技术条件。

就连唐代大诗人白居易，也创作了不少相关的诗词作品。白居易在《红线毯》中写道：

“红线毯，择茧缫丝清水煮，拣丝拣线红蓝染。染为红线红于蓝，织作披香殿上毯。披香殿广十丈余，红线织成可殿铺。彩丝茸茸香拂拂，线软花虚不胜物。美人踏上歌舞来，罗袜绣鞋随步没……”

虽然是描绘王宫华贵艳丽的乐舞场面，但同时也是纺织装饰品装饰建筑内部空间的生动写照。

这前几句诗记叙了用茧线织成红线毯的精工细作的过程，接着讲述红线毯用于披香殿（泛指宫廷歌舞之地）的“软装效果”，精美的红线毯，其面积之大刚刚可以铺满宫殿的地面。然后，它突出了红线毯质地的“温且柔”，惟大而细方见其精美绝伦，也显示出享用者之豪华奢侈，“彩丝茸茸”从视觉角度写其丝缕柔密；“香拂拂”从嗅觉方面写其染有香料，所以随风吹拂散发出香气；“线软花虚不胜物”则从触觉角度表现其质地松软之美，毯上还织有花的图案，花织得虚空柔软，仿佛承托不了任何物品。看官下回选购或订做东方式奢华空间的地毯时，不妨参考一下这个“原型”。但是这样精美的物品却是专供美人歌舞践踏，以满足帝王的视觉要求。“美人踏上歌舞来，罗袜绣鞋随步没”正是描写线毯绵软有弹性，足可使美人纤纤细足陷没于毯内。

不仅色香味俱全，还充满质感，相信这种“五觉”多感官享受正是陈设装饰的软力量。

04　一说“芙蓉帐”

让我们来朗诵一下白居易的另外一首作品《长恨歌》的最后两句。

在天愿作比翼鸟，在地愿为连理枝。

天长地久有时尽，此恨绵绵无绝期。

这两句诗相信大家都十分熟悉，其实诗中很多句子都描写到了盛唐宫殿里的软装陈设。再来朗诵一首诗歌：

云鬓花颜金步摇，芙蓉帐暖度春宵。

春宵苦短日高起，从此君王不早朝。

“金步摇”是一种首饰，用金银丝盘成花的形状，上面缀着垂珠之类的装饰，插于发鬟，走路时摇曳生姿。这该是杨贵妃因受到唐玄宗之宠爱而获得的珍贵首饰，属于首饰类型的装饰，这种首饰样式现在也会被用于插花艺术之中，为东方式软装陈设添彩点睛。

谁要是设计唐代宫廷主题的概念酒店或会所的软装，不妨从里面取经。

而“芙蓉帐”则是室内软装之中的极品。一说“芙蓉帐”是绣有莲花图案的帐子，因为古代有人谓荷花为芙蓉；另一说这“芙蓉帐”是用芙蓉花染成的丝织品所制成的帐子。尽管说法不一，然而“芙蓉帐”从此出名了，因为它“很美很温暖”，正适合“度春宵”。

除了杨贵妃的“芙蓉帐”，李白笔下的《对酒》也有个“芙蓉帐”——“玳瑁宴中怀里醉，芙蓉帐里奈君何。”可以看出，“芙蓉帐”在唐朝，尤其在盛唐时期，是十分流行的一种卧室软装。也由于当时的纺织技术提升到了更高的水平，薄纱罗帐层层叠叠，营造出一种朦胧梦幻的气氛，十分适合热情奔放的唐人。

05 菱花非花，绣帘幽梦

朗诵完唐诗再念一下宋词。唐诗宋词是中国古典文学的重大成就，当中对现实生活的描述，是盛世社会的剪影和生活点滴的记录。先念一篇宋代杰出女词人李清照的词：

晚来一阵风兼雨，洗尽炎光。理罢笙簧，却对菱花淡淡妆。

绛绡缕薄冰肌莹，雪腻酥香。笑语檀郎，今夜纱厨枕簟凉。

——《丑奴儿》

这首词中出现了很多我们现在所说的软装单品。“笙簧”泛指以竹木做成的乐器。在古代，一位优秀的女子，必须琴棋书画样样皆通，乐器自然也成为了她们的伙伴，除了演奏功能之外，通常也是房间的一种摆设，以显示作为女子的才华。

古代优秀女子才貌兼备，因此与“笙簧”相对应的是“菱花”。

请不要误会，“菱花”非花，却是镜——特殊的软装单品。古代以铜为镜，“菱花镜”其实是古代一种花式外形的铜镜，或者镜背刻有菱形花纹的铜镜。

除了笙簧和菱花，词中还出现了“纱厨”和“枕簟”这两种常见的单品，也就是纱做成的帐子和枕席。从整首词的情景描述可以感受到，那个清凉的夜晚，美人在房中等待着温柔的情郎。

说起“纱厨”，李清照在《醉花阴》中也提到了这事物：“佳节又重阳，玉枕纱厨，半夜凉初透。”这回跟纱厨一起出现的不是枕席，而是玉枕。可见这都是古时卧室最重要的软装单品，就跟现在的床帘、床单、枕头、抱枕一样。唯美朦胧的纱帐、清凉的枕席、玉做的枕头，真是“莫道不销魂”。

看来，纱窗绣帘在中国软装历史的地位的确根深蒂固，在苏东坡的诗词作品中也常常出现，一如《蝶恋花》中美丽的描述：

“记得画屏初会遇。好梦惊回，望断高唐路。燕子双飞来又去。纱窗几度春光暮。那日绣帘相见处。低眼佯行，笑整香云缕。敛尽春山羞不语。人前深意难轻诉。”

“纱窗”和“绣帘”在古代诗词作品，通常用于表达一种美丽梦幻的意境，这也说明了当时的纺织技术已经很先进，薄薄的纱帐层层叠叠，飘逸于卧室之中，与美人的轻柔遥相呼应，而绣满花纹图案的布帘，不像房门厅门那样生硬冰冷，而是与柔美细腻的女性一样娇俏动人，总能唤起人们美好的向往。

古人重视软装陈设，

并且视作生活品味的重要一环。

（三）比如画屏

屏风是古代绘画的重要表现形式，画屏便成为了古代室内装饰的重要陈设品。

01 再说屏风——古今陈设的宠儿

要扫除上文知识的盲点，必须先介绍刚才提到的屏风。

古代的房屋大都是土木建构的院落形式，当然不像现代钢筋水泥结构的房子坚固、密实。为了挡风，古人便开始制造屏风这种家具，并多将屏风置于床后或床两侧，以达到挡风的效果。汉刘熙《释名·释床帐》谓：“屏风，言可以屏障风也。”就是说屏风有挡风、遮蔽、隔间的功用。

旧时屏风多为漆木质地，并有彩绘或雕刻。战国楚墓出土一件彩绘木雕小屏风，通体黑漆为底，并以朱红、灰绿等漆彩绘雕刻其上的凤、雀、鹿、蛙、蛇等动物图案，形态逼真。作为传统家具的重要组成部分，屏风的历史可追溯到3 000年前的周朝，当时是以天子专用器具的形象出现的，作为名位和权力的象征。经过不断的演变，屏风在居室的使用范围越来越广，一般陈设于室内的显著位置，上面常有字画，因而就有了“画屏”一说。一个空间内的屏风一般为偶数，即四扇屏、六扇屏，呈对称摆放，如果三扇屏，则一般中间大两边小。

屏风可以根据需要自由移动摆放，与室内环境相互辉映，相得益彰，浑然一体，成为家居装饰不可分割的整体，而呈现出一种和谐之美、宁静之美。于是，这件“百搭”的软装陈设品，一直受到人们的喜爱。

屏风融实用性与观赏性于一体，到了现代，人们更加讲究其装饰功能，既需要营造出“隔而不离”的效果，又强调其本身的艺术性。而屏中画，则赋予屏风以新的美学内涵。

02 画屏——有灵魂的软装

所谓“画屏”，就是有画饰的屏风。在屏风上作画，在古时十分流行，甚至作为一种竞技比赛以显示男子的才华，如果画屏画得好，还能求得美人归。

之所以说画屏是软装，因为它已不仅仅是门窗之间的隔断板，还被古人们赋予了灵魂。史传，唐太宗就曾将他的治国之道书写在屏风上面，以表达自勉警人的寓意。古人把功名赫赫的帝王将相或极具清名的节妇烈女的事迹画在屏风上，这做法起到了歌颂传扬、说教警诫的作用。从这一点上讲，屏风的作用又大大地延伸了。

屏中的诗画、彩绘、雕刻，均是屏风的生命体现，或记录叙事，或抒情达意，皆以精巧的手艺制作出来。古人在屏风上绘画题诗的形式各异，而以山水画为最早的表现形式，在敦煌壁画中就出现了屏风，里面有山水的形象。最为著名的还是五代的名画《韩熙载夜宴图》，画中绘有大幅的屏风，而屏风当中绘有山水的图案。

后来，画屏的题材愈加丰富，许多屏画甚至能反映当时人们的生活，更有“重屏”的出现，也就是说画里面出现了作为内容或场景隔断而存在的屏风，而画中的屏风内也画有屏风，这在周文矩的《重屏会棋图》中表现无遗，可谓屏中有画，画中

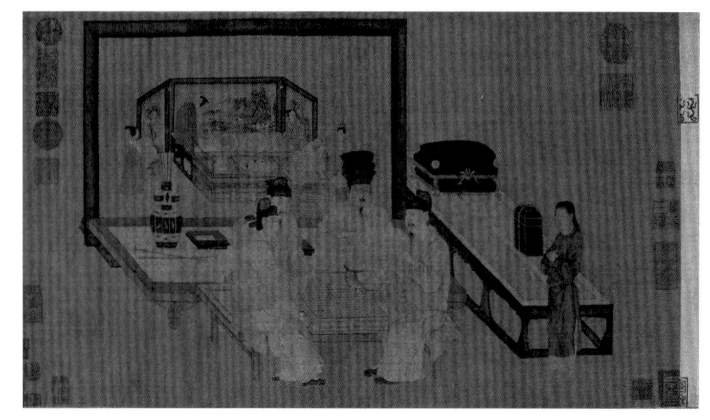

《重屏会棋图》

有屏。屏不离画，画不离屏。而画中则出现不同的陈设，除了第一组场景的桌椅、棋盘、画屏，还有第二组场景的床榻、书案、饮器、香炉、床铺和山水屏风等软装饰品。

画屏，当属“容量”最大的软装陈设单品了。因为它直接或间接承载了中国古代软装发展的记录。就在名画《韩熙载夜宴图》与《重屏会棋图》当中，我们皆能看到几、桌、椅、三折屏、宫灯、花旗等形象，它们无一不是古代中国软装饰的生动再现。到了宋代，画屏的形象变得越来越富有诗意，意味着屏风的装饰作用在于映射人们的情感、思想和心绪——这些都是无形的东西。屏风装饰画面因而成为诗意的形象，把屏风的表面转化为诗意的空间。

03 《韩熙载夜宴图》——巧妙的连环画

《韩熙载夜宴图》描述了出身北方豪族的南唐中书舍人韩熙载于家里盛设夜宴的全部情景。这可是中国传统的连环画，在整幅巨作中，画有40多个神态各异的人物，蒙太奇一样地重复出现，各个性格突出，神情描绘自然。每段场景都是一个独立的空间单元，每个单元都由对称布置的室内家具与软装陈设来形成，尤以屏风最为突出。

这幅画卷不仅是一幅描写私人生活的图画，低矮的桌案、红烛高照、琵琶箫鼓、秀墩床榻，室内的陈设器物无不体现了特定时代的特点和风情。还多次出现了插屏、坐墩、衣架、围榻、牙条、注子和注碗、烛台等室内家具陈设软装器物，然而皆不让人觉得重复陈冗，反而形态多变，精致美观，能体现出韩熙载生活的奢华无度。从画面可以看出，古人们很重视软装陈设，并且视作室内装饰品味的重要一环。

在如此繁复的场景之间，画家非常巧妙地运用屏风、几案、管弦乐品、床榻之类的软装家具器物，使之既有相互连接性，又有彼此分离感；既独立成画，又是连起的一幅画卷。画卷中有些画面并没有画出墙壁、门窗、屋顶，也没有画出光暗层次，但通过人物的活动和软装家具的铺陈，却能让观众感到宴乐是在夜晚时分一个奢侈华丽的居室内举行的，并且让人身临其境，历历在目。这幅画屏的灵魂，就藏在这些人物交错和软装陈设之中。

《韩熙载夜宴图》组图

将梦想照进现实，

软装就不仅仅存在于梦中。

（四）《红楼梦》与《金瓶梅》的那些事儿

感受过软装饰的诗情画意，我们再来阅读中国古代小说。

即便是虚构的文学作品，也始终是现实生活的反映，而当中的建筑、场景、家居布置等，又何尝不是现实生活的一面镜子？

于是我们看到，软装饰陈设频繁地出现在明清小说中，尤以《金瓶梅》和《红楼梦》中描写的场景为多，可以说是“处处留情”。

01 座谈《金瓶梅》

首先介绍《金瓶梅》的背景，尤其是史上最经典的那些事儿。

说起《金瓶梅》这类世情小说，正是出自于明代中晚期通俗文化兴起的大背景之下。估计是有些明人厌倦了王公贵族的风流轶事，开始关注自身阶级的生活状况。理所当然的是，各种通俗小说和戏曲就在明代流行起来，这些小说多写家庭生活，然而像《金瓶梅》，往往也能生动而真实地反映当时城镇生活的画面，加上这些小说所配的木刻版画，更能让人形象地了解明代乡村和市井生活的具体细节，自然也包括所使用的家具软装。

现在，我们进入金瓶梅的虚幻世界，看看那倒映出来的社会现实，浮现出的是怎样的光景。

在明代，一般百姓的家庭中，使用较多的是漆木、柴木、竹藤制成的坐具，比如交椅、圈椅、靠背椅、扶手椅等椅子，凳子（或称“杌子”“杌凳”）则比如方凳、圆凳、条凳、春凳、马扎等，还有坐墩，比如绣墩、瓷墩、藤墩等。

这些椅子、凳子、坐墩等坐具频繁出现在《金瓶梅》当中，比如泥鳅头、楠木靶肿筋的交椅在西门庆家中就十分上档次，墙上还配有挂画，而且画框的排场也不少，又是紫竹杆儿绫边、又是玛瑙轴头的，这富贵人家的财气几乎尽显在名贵家具和软装奢侈品之中。

床和榻皆是明代人们用于躺卧睡眠的家具。

民间常用的床有大床、凉床、架子床、拔步床、凉床等。架子床又有四柱、六柱、月洞门等各种形制，因为床身通常很高，床前一般还配备狭长的脚踏。普通百姓的床常常是漆木材质的，装饰有彩漆、描金、螺钿、雕漆等漆艺，配上颜色鲜艳的床帐，显得吉祥喜庆。西门庆就用了十六两银子买了黑漆欢门描金床、大红罗圈金帐幔、宝象花拣妆、桌椅锦杌，摆设齐整。而李瓶儿房中也安着一张螺钿敞厅床，两边槅扇都是螺钿攒造花草翎毛，挂着紫纱帐幔，锦带银钩。

榻则是多功能的坐卧两用，供人小憩。在榻上摆上小桌小几，也是接待客人时的坐具，比如多摆放在厅堂和书房的罗汉床，一般配有围屏。明清时期也把“床”称为“炕”，于是又有炕屏等与之配搭的软装饰品，榻几、香薰炉、纱灯、帐幔、妆台、镜架、炕柜等卧室与床榻陈设数不胜数。

除此之外，尚有许多小件可移动的日用陈设，比如各式盒子、匣子、提盒、扛箱、镜箱、镜架、脸盆架、火盆架、衣架……小说中，西门庆就买过描金箱笼、鉴妆、镜架、盒罐、铜锡盆、净桶、火架等等嫁妆用品，他还曾布置过房间的软装：里边铺陈床帐，摆放桌椅、梳笼、抿镜、妆台之类，预备堂客来上坟，在此梳妆歇息，糊的犹如雪洞般干净，悬挂的书画，琴棋潇洒。琴棋书画皆软装。那么与之相搭配的，更是软装。

这些细小的、挪移方便的软装饰物件，搭配着不同的大件家具使用，使得居室的厅堂、卧室、书房等不同空间自成一格。再因应婚庆或宴席等特殊场合的需要，而配有不同的“可移动”软装饰品，点缀出不同的环境气氛。

这些软装饰品虽不甚起眼，但应着不同的环境气氛能起到画龙点睛的作用，也造就出各式各样的景致来。大家在设计相关主题的空间时，不妨参考那些场景的布置。

02 看看西门庆的“排场”

1. 厅堂

厅堂是一户人家的脸面，所以厅堂的软装布置尤为重要。在这个方面，古代和现代的观念是一样的。

一般厅堂布置都是按照中轴线划分，正中靠墙是条案或架几案，前面摆放八仙桌和两把座椅，左右再各放几对座椅和茶几。正面墙壁或木屏中间一般挂大幅中堂，多为吉祥喜庆的民俗画，左右各挂着一副对联。

“乡下人”和“都市客”的家具摆设和软装陈设一般比较简陋朴素，而乡绅、富商和大户的厅堂则讲究许多，选质量更高的家具，装饰得更华丽，陈设更精致。

明代的许多商人本身也是读书人，也就是所谓的“儒商”，他们对家居环境的营造有想法，处处要以文雅为重。比如，很多徽商的居室厅堂一定要挂匾额，号称“某某堂”，挂画也多是山水、花鸟等文人画，对联常常是请书法造诣高的文人泼墨挥洒……总之，要以“儒雅”的文人形象来展示给众人看方才显得高明。

难道这些单品本身只是载体？
是的，加上了当中的实物内涵，无论从形态角度还是神态角度，都是活灵活现的软装了。

2. 后花园

穿堂入室，来到后花园，再看看这些富商摆设宴席的场景。

《金瓶梅》第十回和第四十三回，西门庆分别设了两场歌舞酒宴，文中字字句句都透露出“富贵”的气派，当中的软装陈设体现出明代富贵人家的奢靡生活。除了之前常见到围屏金障芙蓉褥等东西，还增添了许多比较陌生的事物：古玩、合浦明珠、水晶盘、碧玉杯、白玉瓯、紫金壶，这些在筵席上的珍品每一件都身价不凡。

特别值得一提的是，这儿出现的不仅仅是软装器具本身，而是水晶盘里面堆盛着异果奇珍，花瓶里插着金花翠叶，香炉里焚着兽炭……

它们不是一件件“死物”，除了物件本身的文化精神以外，它们还有更加鲜活的灵魂，那新鲜欲滴的各色珍果、红花绿叶的清香、紫金壶内琼浆的酒香、“香臭龙涎”的兽炭（见注释）、丰富的颜色、气味充斥着这场宴席，再加上“凤管鸾箫”和歌舞演出，声音、颜色、气味、味道全部具备，满足视觉、听觉、嗅觉、味觉和手感等多重享受。“五觉软装”真的无处不在！

可以说，这才是软装饰的本质或者是软装饰的完整意涵所在。

注释：

兽炭，做成兽形的炭。亦泛指炭或炭火。《晋书·外戚传·羊琇》：“琇性豪侈，费用无复齐限，而屑炭和作兽形以温酒，洛下豪贵咸竞效之。”

03 红楼“看房团”

读完《金瓶梅》，这回带大家去看看小说中的楼房。

请看看《红楼梦》的楼房。它在小说发展的鼎盛时期清朝落成，地理位置好（金陵应天），还有私家园林景观（大观园），重点是里面美女如云！

《红楼梦》的立意、结构、行文等独特新颖，给人耳目一新之感，而且小说中关于清代宅第家具陈设软装的描写，就足以成为后人对清代家居陈设软装研究的主要参考资料。因为《红楼梦》中，对荣、宁二府和大观园的居室描写十分细致，而且配合了小说中众多不同人物的性格，其中的软装细节，更是丰富多彩，每个空间环境都不尽相同，可以说是“性格软装”的代表作。

看人先看脸，看房先看厅堂。《红楼梦》第三回就有两场画面描写宅第的过厅

（也叫穿堂）和大厅的软装。

一般来说，清代宅第的穿堂中间设一座三屏风或五屏风。如果只有一扇的就不叫屏风，而称之为大插屏，也就说明《红楼梦》中所写的穿堂的面阔并不太大，所以只用一座大插屏。

诚然，清代宅第的家具陈设也随着潮流的发展而演变。学者们往往可以从这些软装陈设的变化中找到规律，从而反推人们在不同历史时期的社会生活习惯。

大厅正中设一张紫檀雕螭案，地下两溜十六张交椅，这是很典型的清代宅第大厅的陈设，虽然交椅是明代流行的椅子，但这里描写的是固定性的陈设，跟明代使用交椅的方式不同。

可以这么说，在《红楼梦》作者生活的时代，还属于清朝前期，大厅上两溜十六张交椅虽然已是固定性的陈设，但还没有配套的茶几夹在两张椅子当中。（而在晚清小说《官场现形记》当中，就有明确地描述到，“天然几上一个古鼎、一个瓶、一面镜子；居中一张方桌，两旁八张椅子四个茶几”。这是乾隆以后的一种新型家具，也是清代典型软装陈设格式的一种形态。）

在《红楼梦》的一系列描述中，可以看出荣国府正厅的室内具有完全不同于一般民宅的尊贵、气派、荣耀。条案上的摆设也不同于一般人家的花瓶和镜子讲求“平静”寓意，而是设一米左右高的青铜古鼎，两边分别是金蜼彝、玻璃海，上悬墨龙大画。鼎、彝、海都是古礼器（祭祀的用具），而“海”又是用玻璃（即琉璃）制成，在清朝前期是十分罕见，弥足珍贵的。

对于这点，故宫博物院研究员、明清室内陈设专家朱家溍先生有不同意见，他认为这荣禧堂大案上一洋、一近、一古三件的陈设方式，是清代富贵旗人家中常见的摆法。然而，在讲究金石书画的士大夫宅第中，古铜鼎左右两侧不摆设铜镀金器和洋货，因为这两种陈设品极其昂贵，并且士大夫即使有钱宁愿多买古器物也不要这类陈设。言下之意曹家格调不高，也就是“树小墙新画不古”的内务府。

看来，软装陈设格调的审美的确是见仁见智的。

04 大观园是怎样炼成的

大观园是《红楼梦》中贾府为了贵妃元春省亲而修建的行宫别墅，它不仅是红楼人物活动的艺术舞台，也是作者总结了当时江南园林和帝王苑囿的建筑经验所创作出来的世外桃源，大观园的园林设计对后世的园林建造产生了深远的影响。而大观园中的软装陈设，也为后人的居住空间软装陈设提供了有力的参考。

这座大型府宅的独立园林，是作者精心为其笔下的人物所创作的。怡红院、潇湘馆、蘅芜苑、缀锦阁、秋爽斋、暖香坞、稻香村、拢翠庵……穿梭于山庄溪水间，建筑布置大气而精美。

大观园，一直被模仿，从未被超越。

现在，大家就跟着刘姥姥一齐游游大观园吧！

1. 一看省亲别墅

这里是大观园中建筑规模最大、等级最高的建筑群。里面的配楼缀锦阁，就是贾母二宴大观园的地方。这里本来是存放杂物的库房，因为阁内空间宽敞，贾母便命人在此设宴，摆放桌椅、几案、围屏，张挂各式花灯，阁内的器具华丽喜庆，多是配合宴席设置的，比如各式攒盒、酒壶、酒杯等。第四十回就提到各种式样的雕漆几，以及乌银洋錾自斟壶和十锦珐琅杯。

法宝一：雕漆几

雕漆几是指摆在椅子之间的高几。几面多作长方形，也有方形、圆形或其他花形。清代雕漆重刻工而轻磨工，乾隆时期以降，发展得十分纤巧，显示出繁琐堆砌的倾向。

雕漆几有海棠式的、梅花式的、荷叶式的、也有葵花式的，有方的、也有圆的，其式不一，上面可放炉瓶、攒盒或食物。一般攒盒的式样会跟雕漆几的式样一致。

2. 二看怡红院

贾宝玉所住的怡红院是个独立的小型四合院，院内的植物就很好地呼应了“怡红快绿”这一题词，院前玫瑰绽放，院后爬满蔷薇、月季、金银花，隔着碧桃花林，远景是山上的青松翠竹，院中芭蕉绿蜡婆娑；一边则是西府海棠，葩吐丹砂，红绿相峙。

怡红院设计精巧，房里收拾得与众不同，不分出间隔，四面皆是镂雕得玲珑剔透的模板，各式各样的博古槅子，陈设着琳琅满目的古玩。

法宝二：穿衣镜

穿衣镜是一种镶嵌在雕空紫檀板壁里的镜子，在当时是极其考究的室内软装。之前人们一般用铜镜、挂镜，清初时，大型玻璃镜作为贡品从西欧各国传入中国。自清代中期起，广州从国外进口镀水银玻璃砖镜，并把它安装在插屏座中，成为穿衣镜。由于十分稀少，所以这种镀水银玻璃砖镜插屏是清代非常高档时髦的家具，只有在宫廷王府才有。

法宝三：填漆床

填漆床是采用填漆工艺装饰的小型床。在宝玉房中的填漆床可坐可卧，该是罗汉床。这是男子卧室的必备单品。

法宝四：碧纱橱

碧纱橱，是安装于室内的隔扇，通常用于进深方向的柱间，起分隔空间的作用。每樘碧纱橱由6~12扇隔扇组成，除两扇能开启外，其余均为固定扇。上安帘子钩，可挂门帘。碧纱橱隔扇的裙板、绦环上做各种精细的雕刻，两面夹纱，上面绘制花鸟草虫、人物故事等精美的绘画或题写诗词歌赋，装饰性极强。

3. 三看潇湘馆

潇湘馆与怡红院相对，馆外粉垣黛瓦，馆内翠竹婆娑，细水淙淙，静寂、幽深、雅逸，恰似主人林黛玉。

小小的三开间，中间是客厅，椅案合着地步打就，小巧精致。东边书房墙上有一月洞景窗，窗上糊以碧纱。月洞窗下一椅一案，案上笔墨纸砚也应不是一般之物。西边卧室，靠南有暖阁，靠北是罗帐床榻。外景与内景完美结合，多么别致精巧的居住空间设计啊！

宝黛的不同性格决定了他们的居所内的软装布置。这岂不是性格软装？

法宝五：镜台

镜台指古代女子的梳妆台，是古今女子卧室软装的必备之物。

法宝六：琴桌

琴桌是中国古代操琴、置琴的桌子。黛玉房中的应属小琴桌，桌身比琴短，琴置于桌上，琴头下低、琴尾上翘，长于琴桌，非常优雅。再次印证琴棋书画及其周边皆软装。

法宝七：龙文鼎

龙文鼎指装饰有龙纹的小鼎。“鼎”的软装之路比较坎坷，从烹煮食物的器具演化成象征王权的礼器，而随着佛教的广泛传播，这个时候的鼎不再象征权力，成为了一种彻底的软装饰品。

黛玉房内的软装陈设与一般小姐的绣房风格迥异，作者以写意之笔勾画出一个饱读诗书的女诗人的兰室，通过渲染潇湘馆美丽空灵的意境，表达黛玉的情致和追求，实现人景合一。

有气味的软装又出现了，五觉当中的「气味软装」可谓贯穿始终啊。

4. 四看蘅芜苑

苑在古代指帝王的苑囿，种满奇花异草。而薛宝钗所居的蘅芜苑内，也俱是香蔓异草，如同花园，最大的特点就是异香扑鼻。

宝钗个性矜持，其“雪洞”般的卧室，寒气袭人，符合她冰冷的性格。看她的房间，没有玩意儿，帐幔也是低调的青色，不难看出她的淡泊。就一粗糙的土定瓶插几支菊花，说得好听点儿就是朴素脱俗，说得不好听就是十分落伍。

贾母实在看不过去了。一个年轻姑娘的闺房怎能不具有雅致美观的格调呢？于是她按照自己的审美观给宝钗的房间做了一番“改造”。

贾母送了三件法宝给宝钗——石头盆景、纱桌屏和墨烟冻石鼎。

法宝八：石头盆景

石头盆景是将植物、水、石等经过艺术加工，布置在盆、盘内，使之成为自然景色缩影的一种陈设。往往缀以亭榭、舟桥、苔藓、小树等，模拟山水情趣景观，陈设于几案之上。根据贾府的地位和贾母的艺术欣赏水平推测，她给宝钗的“石头盆景”可能是玉石制作的。

法宝九：纱桌屏

清代有几种常见的小座屏，置于书案上的称“砚屏”，放在炕上用的称“炕屏”，用来遮挡的称“灯屏”。而纱桌屏就是置于桌案之上作为装饰的小屏风，也是一种纯粹的软装饰品，在清代使用得很普遍。

5. 五看秋爽斋

探春所居的秋爽斋气藏而内敛，三个开间并无隔断，只做落地罩，室内空间全部开敞，陈设用具一目了然。这有点儿像我们现在流行的开放式空间。

秋爽斋的室内软装有着典型的书卷气，室内多是文房用具、书画等，而开敞的空间格局、树林一般的笔海、插着满满的白菊的斗大的汝窑花囊，处处体现出探春的豪放和开朗。挂着大幅米襄阳时代的画和颜真卿的墨迹，则烘托出她喜作画临帖的高雅格调。还有，她以紫檀架来放置大观窑的大盘，盘内盛着数十个娇黄玲珑大佛手，与之对称的是洋漆架上悬着一个白玉比目磬，旁边挂着小锤。所谓“性格软装”，在这里得到淋漓尽致的展现。

什么叫性格软装？看大观园里各人的居所，就能反映他们不同的人物性格特点！

法宝十：汝窑花囊

囊是中国古代供插花用的瓶罐类器皿，多成圆球形。其顶部开有几个小圆孔，器身有装饰花纹，中空，内可贮水，可以插花。这囊的设计很妙，插花的小圆孔可以避免瓶内的水滋生蚊虫。

以上十大法宝，只是炼成这大观园的“武器”中的凤毛麟角。

《红楼梦》里的软装远远不止以上所述那些，小说中通过软装所反映的中国酒文化、茶文化、筵席文化、节礼文化等精神意涵不计其数。

05 看看百姓的真实生活

看完两本明清的小说，我们也是时候回到现实中来了。

我们一起来看看明清时期广大或富或贫的老百姓们怎样装饰自己的生活吧！

历史表明，任何一个朝代的社会生活习尚，其文化与社会存在的内涵十分丰富，其外延与传播更为广阔。软装设计的原型来自于生活，也即源于一个时期的社会生活习尚。

自从宋代发明了木构架与榫卯的设计之后，中国古代家具就开始了一种尺度严谨、外观简洁的风格并得到延续。这种洗练单纯的家具风格，也为明清框架结构家具的发展打下了基础。

既然有了讲究的技术条件，那么明清时期的人们在居住方面的习惯也渐渐形成一种文化。他们喜欢素雅简洁、古朴大方的家具，而且其家具工艺也把这两点做到了极致。

家居的陈设通常以临窗迎门的桌案或前后檐炕为中心，配以成组的几、椅；或以大扇的书屏、隔扇为屏障，灵活划分厅堂等室内空间。橱、柜、书架亦多对称摆放，辅以书画悬轴、挂屏、文玩、盆景等小摆设，达到了一种典雅的装饰效果。

当然，这是富贵人家有成套家具的对称布列方法。

至于一般平民的家里，则多以中宅迎门的大方桌（八仙桌）或米柜为中心，设置成对椅几。堂屋正中多悬挂神像（多见于农村或城里小商人）或书画、对联等。大门或贴有门神、春联。这些对联有的表示该宅主人的出身、家世，有的则是吉祥话语，如“出入平安”“风调雨顺”等。

还有，在中国古代的婚姻礼仪里面，也能看到许多与这主题相关的软装。当然，这其中不乏日常生活中常见的软装，然而置于婚礼当中，它们的意义似乎得到了升华，因为那都与“百年好合”“早生贵子”等寓意有关。

婿家准备的床榻、荐席、椅桌、毡褥、帐幔、帐幕之类家具陈设固然必不可少，女家所送的嫁妆则多是箱柜、衣服、被褥、首饰、金银铜锡器皿等软装饰品。男女双方还得“拜花烛”“拜镜台”，这“拜花烛”就是在大堂中设供案，摆上龙凤喜烛一堆；“拜镜台”一礼，则没有文献说明，据推测，拜镜台上的镜子可能是当时人们认为镜子具有驱除妖魔，保障新婚夫妇安全、幸福的魔力。

注意，花烛和镜台可都是软装饰品啊！软装饰都是有灵魂的。

最后当然是撒帐洞房了，帘幕、深闺、烛影、锦带、流苏一一出场，它们皆是布置这春宵好梦不可缺少的软装啊！

这些都是中国古代宗教、诗文、书画等优良文化传统浸润于居住文化的生动体现，其载体，恰恰就是软装。

二、关于风格的传说

讲了那么多软装的“史话”，大家也明白了所有的软装设计风格都是源自于生活。大家已经真正入门，接下来可以开始着手做些软装实操设计了。

在这里，我们还是重复这句话：

我们在运用任何一种风格时，必须找到它的原型。

在如今参差不齐的设计市场环境当中，如果无法理解透原型的意义，就轻易 “出拳”，这如同打一场没有把握的仗，因为没有依据的设计相当于出拳无招、出师无名。

正如我们在正文所说的，现在所谓中式、日式、东南亚风、巴洛克、洛可可、新古典主义、现代简约、后现代主义，甚或地中海风格、殖民地风格、浪漫田园风……这些风格皆是从华夏文明、古希腊文明、古埃及和古巴比伦文明这些风格原型中衍生出来了。那么，它们到底是怎样产生的？又是怎样演化而来的呢？这期间发生什么有趣的故事吗？

01 华夏文明就是亚洲风格的原型

华夏风格原型变变变，「变」才是永恒。

前文所提及的风格原型演变，似乎是从历史的纵向发展得来的。那么，我们在这里探索演变历史的横向发展。

五大文明古国衍生出来的文化艺术，就是现有的软装饰设计的风格原型，这些原型的“势力”分布在世界各地。其中，华夏文明就在我们身边。

从华夏远古先民开辟第一处洞窟、构筑第一架居巢之时起，他们身安其内，一种与居住相关的文化形态也就随之诞生，并寓含于其中了。物转星移，华夏文明的软装风格原型，随着时代的潮流而演变。

商周时期：统治阶级迷信鬼神文化，所以青铜器家具多作为祭祀的礼器来使用，并饰以饕餮纹和龙纹，以表现庄重、威严、凶猛的感觉。

春秋战国时期：南国楚地，仍保留原始氏族的社会结构，因而楚式家具的纹饰含有浓厚的巫文化因素。为了防止鬼灵作祟和祈求安宁，楚人在家具上装饰鹿、蛇、凤鸟等图案，尤其常见的是“龙凤云鸟纹”，旨在借龙凤引领人的灵魂升天。这类巫文化使楚式家具软装蒙上一层神秘色彩。

汉朝：楚文化因素在软装上仍有体现，流云纹和龙凤等动物纹被广泛用于家具装饰，而且汉人尊崇儒家、信奉道教，因而软装饰还出现了圣君、孝子、烈女等题材，体现了汉朝文化的时代特点。

魏晋时期：战乱不断，人们希望从各种宗教的神灵处得到庇护，从而产生了这一时期社会意识形态和文化心理上的新追求，家具装饰出现了反映佛教文化的新题材。同时为了与门阀士族的兴起和玄学流行的社会环境相适应，软装还出现了竹林七贤为主题的装饰。

唐朝：唐人思想开放自信，家具制作既吸收本民族传统文化，又注重和其他文化交流，基本脱离了以前的神秘色彩。家具工艺更接近自然和生活实际，装饰纹样常以花朵、卷草、人物山水、飞禽走兽等现实生活为题材，图案欣欣向荣、五彩缤纷，形成清新活泼、华丽润妍的装饰风格，进入新的历史时期。

唐宋时期是软装历史发展的转折点。

宋朝：历经荣辱兴衰，宋朝进入了理性思考的阶段，在哲学上尊崇道教，倡导理学，加上宋皇室“重文抑武”，使得宋代家具一改唐代宏博华丽的雄伟气魄，转而呈现出一种结构简洁工整、装饰文雅隽秀的风格。无论桌椅还是围子床，造型皆是方方正正、比例合理的，并且按照严谨的尺度，以直线部件榫卯而成，使其外观显得简洁疏朗。

明朝：民间家具传承宋代的洗练单纯，多以素雅简洁、古朴大方著称。在软装陈设上，一如前文所述，富裕人家通常以临窗迎门的桌案或前后檐炕为中心，配以成组的几、椅；或以屏障灵活划分室内空间。对称摆放的橱、柜、书架，辅以书画盆景等小摆设，达到典雅的装饰效果。一般平民家庭则多以中宅迎门的八仙桌为中心，椅几成对，堂屋正中多挂神像或书画、对联，大门贴门神、春联。从清初到康熙中期，明式家具质朴简练的风格在制作工艺上得到沿袭。

明清时期软装发展到了高潮阶段！

清朝：清中叶以后，适逢经济繁荣的盛世，社会奢靡之风要求家具和软装器具用材厚重、用料宽绰，甚至多种材料并用，使家具造型宽大，体态凝重。为了显示华丽富贵，清代家具充分发挥雕、嵌、绘等装饰手法，使家具制作技术达到炉火纯青的程度。

近现代：近现代中国的软装，则是进入了混沌纷乱状态。清代晚期自道光以后，受外来文化的影响，家具造型开始向中西结合的风格转变，改变了明清家具以床榻、几案、箱柜、椅覆为主的模式，引进了沙发、梳妆台、挂衣柜、牌桌等，丰富了家具和软装饰品的品种，也是对传统古典家具式样的猛烈冲击。逐渐地，经济、实用的家具成为了民间居住装饰的主流。

当代：如今，人们开始从纷乱的“模仿”和“拷贝”中整理出头绪，新一代设计队伍和消费市场逐渐成熟，孕育出了含蓄秀美的新中式风格，他们以华夏文明为原型，将中式元素与现代材质巧妙糅合，以新的姿态呼唤华夏文明在软装设计领域的回归。

于是，我们可以总结出，华夏文明的软装风格原型的构成，可以是朱黔（红黑）二色的色彩元素，可以是动物和神兽的纹饰元素，可以是儒道佛的文化题材，可以是对称严谨的榫卯结构，可以是素雅简朴的明式家具，甚至可以是中国古代的诗词歌赋、琴棋书画。

02 日式与东南亚风格都是华夏文明的“娃”

商周的青铜艺术、秦朝的黑红色彩、盛唐的佛像雕刻、大元的征战器械、明清的家具陈设，华夏文明繁衍生息，并在不同时期四散传播。就像日本的和式设计和禅文化、东南亚那崇尚手工制作的实木家具造型，都和华夏文明有着血缘关系。

提起日式风格，人们立即想到的就是“榻榻米”，以及日本人相对跪坐的生活方式。大和民族的低床矮案，给人以非常深刻的印象。在这里必须指出的是，以家具为例，“日式家具”和“日本家具”是两个不同的范畴，“日式家具”（又称和式）只是指日本传统家具，而“日本家具”无疑还包括非常重要的日本现代家具。

传统日式家具的形制，与华夏文明、古代中国文化有着莫大的关系。而现代日本家具的产生，则完全是受欧美文化熏陶的结果。

中国人的起居方式，以唐朝为界，可分为两个时期。唐朝以前，盛行席地而坐，包括跪坐，因此家具都比较低矮。入唐以后，受西域人影响，垂足而坐渐渐流行，椅、凳等高形家具才开始发展起来。而日本学习并接受了中国初唐低床矮案的生活方式后，一直保留至今，形成了独特完整的体制。唐朝以后，中国的装饰和家具风格依然不断传播到日本，例如日本现在极常使用的格子门窗，就是在宋朝时候从中国传过去的。

明治维新以后，西洋家具伴随着西洋建筑和装饰工艺强势登陆日本，以其设计合理、形制完善、符合人体工学等优点，对传统日式家具形成了巨大的冲击。但传统日式家具并没有消亡，双重结构的做法一直沿用至今。一般日本居民的住所里，客厅、饭厅等对外部分是使用沙发、椅子等现代家具的“洋室”，而卧室等对内部分则是使用榻榻米、灰砂墙、杉板、糊纸格子拉门等传统家具的“和室”。“和洋并用”的生活方式在日本为绝大多数人所接受，而全西式或全和式都很少见。

华夏文明原型的另一个“孩子”就是东南亚风格。

这是一个结合华夏文明部落文化及东南亚民族岛屿特色的设计风格，软装特点是原始自然、色泽鲜艳、崇尚手工，有着来自热带雨林的自然之美和浓郁的民族特色。

由于大量华人早期移民聚居在多个东南亚国家，并且在东南亚地区占据重要的经济地位，使得东南亚的装饰风格在很大程度上受到华人文化的影响。东南亚本来就盛产红木，与此同时，华人又为东南亚地区带来了先进的生产技术，使得东南亚的家具制作工业飞速发展。或繁复或简洁的各式红木家具，醒目的大红色经典漆器，金色、下面我们就进入西方世界，看看从古希腊罗马文明原型延伸出来的西方软装。

红色的脸谱，铜制的莲蓬灯，手工敲制的具有粗糙肌理的铜片吊灯……这些极具民族特色的软装，处处跳动着华夏文明的脉搏。

03 华丽奔放的巴洛克从矛盾中诞生

“巴洛克——繁复的装饰，金色的华丽，扭曲多变的线条，强烈的律动感，反复的堆砌之美。”

——《写给大家的西方美术史》蒋勋

我们这里所说的巴洛克风格，可追溯至以意大利为首的欧洲国家在巴洛克时期的建筑与家具风格。经历了文艺复兴时期之后，17世纪的意大利建筑处于复杂的矛盾之中，一批中小型教堂、城市广场和花园别墅应运而生，它们追求新奇复杂的造型，以曲线、弧面为特点，如华丽的破山墙、涡卷饰、人像柱、深深的石膏线，还有扭曲的旋制件、翻转的雕塑，并且突出喷泉、水池等动感的因素，打破了古典建筑与文艺复兴建筑的“常规”，被称之为“巴洛克”式的建筑装饰风格。

与这些外形自由、追求动态、装饰、雕刻喜好富丽，色彩强烈的巴洛克建筑相呼应的是，该时期巴洛克风格的家具也有着强调力度、变化和动感的特色，华丽的沙发布面与精致的雕刻互相配合，把高贵的造型与地面铺饰融为一体，气质雍容。总的来说，这个时期的室内装饰设计强调建筑绘画与雕塑以及室内环境等的综合效果，突出夸张、浪漫、激情和非理性、幻觉、幻想等特点。巴洛克风格打破均衡，平面多变，强调层次和深度，并常常使用各色大理石、宝石、青铜、金等装饰，华丽而壮观，突破了文艺复兴古典主义的一些程式和原则。

由于巴洛克风格的住宅建筑和家具设计具有真实的生活依据，而且富有情感，更能满足生活的功能需要和精神需求，其家具设计的最大特色是将富于表现力的装饰细部相对集中，简化不必要的部分而强调整体结构，因此相对应的室内陈设软装，包括墙壁和门窗的设计和设置，皆与家具的总体造型与装饰风格保持严格统一，创造了一种建筑与家具、软装和谐一致的总体效果。

如果要概括巴洛克的软装风格，即造型华丽，渲染出奔放热烈的生活。巴洛克时期的家具设计者和从事软装配饰的人们，均以浪漫主义精神为设计出发点，赋予亲切柔和的抒情情调，追求跃动型装饰样式，以烘托宏伟、生动、热情、奔放的艺术效果。他们利用多变的曲面，采用花样繁多的装饰，做大面积的雕刻、金箔贴面、描金涂漆处理，并大量应用面料包覆坐卧类家具。繁复的空间组合与浓重的布局色调，把每一件家具和

公元1624—1633年，梵蒂冈圣彼得教堂天盖

软装饰品的抒情色彩表达得十分强烈。

04 大革命前美丽肆虐的柔媚洛可可

“洛可可——法国大革命前的宫廷艺术主流，崇高、富贵、华丽反复的装饰美。”

——《写给大家的西方美术史》蒋勋

在18世纪时的法国，人们创造出一种非对称的、富有动感的、自由奔放而又纤细、轻巧、华丽繁复的装饰样式，被后人称为洛可可艺术风格（又称“路易十五式”），其设计特点是室内装饰和家具造型上凸起的贝壳纹样曲线和莨苕叶呈锯齿状的叶子，以及蜿蜒反复出现的C形、S形和涡旋状曲线纹饰。

洛可可风格的贝壳纹样、叶子纹样、漩涡状曲线纹样

我们同样可以追溯到18世纪的洛可可式建筑及家具的风格和形态。洛可可风格的建筑特点体现为在室内应用明快的色彩和纤巧的装饰。同时，洛可可风格家具华丽精致而偏于繁琐，不像巴洛克风格那样色彩强烈，装饰浓艳，它以不对称的轻快纤细曲线著称，以回旋曲折的贝壳形曲线和精细纤巧的雕饰为主要特征，以凸曲线和弯脚作为主要造型基调，以研究中国漆为基础，发

展出一种既有中国风格又有欧洲独自特点的流行涂饰技法。

相对于庄严、豪华、宏伟的巴洛克艺术，洛可可打破了艺术上的对称、均衡、朴实的规律，在家具、建筑、室内等艺术的装饰设计上，以复杂自由的波浪线条为主势，把镶嵌画以及许多镜子用于室内装饰，形成了一种轻快精巧、优美华丽、闪耀虚幻的装饰效果。洛可可风格的装饰多用自然题材作曲线，如卷涡、波状和浑圆体；色彩娇艳、光泽闪烁，象牙白和金黄是其流行色；经常使用玻璃镜、水晶灯强化效果。

大家如果想看更加具象的洛可可风格，不妨参考电影《绝代艳后》（Marie-Antoinette），当中被电影人重塑的凡尔赛宫王后居室，便有着浓烈的洛可可味道，精致的蔓藤花纹、贝壳、宝石等充斥着建筑与室内装饰、生活物品以及艺术作品，轻

《绝代艳后》凡尔赛宫王后居室内部场景

快柔美、漂亮精致，更带有一种迷幻、罗曼蒂克的气息。

总体来说，洛可可装饰的特点是：细腻柔媚，常常采用不对称手法，喜欢用弧线和“S”形线，尤其爱用贝壳、漩涡、山石作为装饰题材，卷草舒花，缠绵盘曲，连成一体。天花和墙面有时以弧面相连，转角处布置壁画。为了模仿自然形态，室内建筑部件也往往做成不对称形状，变化万千，但有时流于矫揉造作。室内墙面粉刷爱用嫩绿、粉红、玫瑰红等鲜艳的浅色调，线脚大多用金色。室内护壁板有时用木板，有时做成精致的框格，框内四周有一圈花边，中间常衬以浅色东方织锦。

可以说，中国的装饰风格在欧洲洛可可室内装饰艺术中扮演了重要的角色，特别是在庭园设计、室内设计、室内工艺品设计等方面。法国人从中国瓷器以及桌椅橱柜等造型中吸取了灵感，发掘了中国极柔软的曲线，使墙面的曲线也含有东方花鸟纹样的生命气息。又将大自然中的贝壳同莨菪叶饰相缠绕形成涡形花纹，上面布满花朵，轻盈飞舞有如流水般的曲面与曲线搭配得精致优美。

05 从理性中萌生的美学——新古典主义

“新古典主义——隔着历史遥远的距离，赋予古典元素新的时代意义。”

时代等待着旋乾转坤，等待着天翻地覆。1789年法国大革命的爆发，结束了巴洛克、洛可可的宫廷艺术传统。“君权神授”的主流被启蒙运动的“天赋人权”取代。自由、平等、博爱的口号响彻云霄。

欧洲文化丰富的艺术底蕴，开放、创新的设计思想及其尊贵的姿容，一直以来颇受众人喜爱与追求。许多知识分子相信，古典文化的优秀需要建立在理性的基础上。

许多残破的古希腊罗马雕像被收藏研究，成为开明知识分子寻找新时代美学的起点。新古典主义（Neoclassicism）的美学被提出了。

新古典并不等同于古典，是隔着历史遥远的距离，把古典元素拿到当代来重新使用，赋予这些元素新的时代意义。或者说，新古典主义的软装设计风格其实是经过改良的古典主义风格。而建筑装饰是新古典主义最早觉醒的一环。

然而到了现代，许多号称“新古典主义风格”的装饰却被人们误用，无论家具设计还是软装配饰设计，例如肌理复杂的壁炉、繁复的水晶宫灯、甚至纹饰无序的灯饰，号称是新古典风格的设计，并冠以混搭的名号。

实际上，新古典风格的精髓在于其摒弃了巴洛克时期过于复杂的肌理和装饰，简化了线条。其运用于软装设计上的特点是简单的线条、优雅的姿态、理性的秩序和谐，比如古罗马柱、爱神丘比特与赛姬的雕塑装置，以及拿破仑主题的绘画作品，皆可以看

爱神丘比特与赛姬

作新古典风格的杰出代表。

06 向往新世界的产物——装饰艺术风格

“装饰艺术（ART DECO）——人们对战后新世界有着无限向往，廉价新材料促使法国新富阶层摩登起来。”

一战之后，法国人对于现代建筑与设计的兴趣不断增加。到20世纪20年代中期，不少设计师尝试将富有的主顾对于豪华、时髦的向往和现代主义严格的形式感揉为一体，使曾经迷恋于历史风格的上流社会开始接受他们创作的新的美学形式。与此同时，传统的木制家具开始受到金属家具的挑战，包豪斯严谨的钢管家具将贵重的材料和精湛的手工艺相结合，进入了许多中产阶级的家庭。

这种“摩登”风格在20世纪30年代由法国传播到了其他欧洲国家，其金字塔状的台阶式构图和放射状线条等艺术装饰风格的典型造型语言被作为“现代感”的标志而得到广泛使用。在美国，艺术装饰风格在好莱坞发展成一种以迷人、豪华、夸张为特色的所谓“爵士摩登”（Jazz Moderne）的新风格，它采用批量生产，影响了20世纪30年代早期从建筑到日常生活用品的各个方面。

尽管艺术装饰带有与现代主义理论不相宜的商业气息，它也没有摆脱以往设计中的矫揉造作之风，但市场表明它作为象征现代化生活的风格被消费者接受了。大规模的生产和新材料的应用使它能被普通百姓购买并广为流行，直到20世纪30年代后期才逐渐被另一种现代流行风格——流线型风格取代。

07 20世纪的口号：少即是多（现代简约风格）

“现代简约——少即是多，以明快简洁的形式来满足人们对空间环境的感性和理性需求。”

所谓的现代简约风格，其实是结合了现代主义设计和简约主义艺术从而实现综合概括的一种设计风格。而简约主义本身是源于20世纪初期的西方现代主义。

西方现代主义源于包豪斯学派，包豪斯学院始创于1919年德国魏玛，创始人是格罗皮乌斯。包豪斯学派提倡功能第一的原则，创作适合流水线生产的家具造型，在建筑装饰上提倡简约。简约风格的特色是将设计的元素、色彩、照明、原材料简化到最少的程度，但对色彩、材料的质感要求很高。因此，简约风格的空间设计通常十分含蓄，却往往能达到以少胜多、以简胜繁的效果。

现代主义风格的装饰特点，主要体现在墙面、栏杆、窗棂和家具等装饰上，这些装饰由曲线和非对称线条构成，如花梗、花蕾、葡萄藤、昆虫翅膀以及自然界各种优美、波状的形体等图案。线条有的柔美雅致，有的遒劲而富于节奏感，整个立体形式与有条不紊的、有节奏的曲线融为一体。并且大量使用铁制构件，将玻璃、瓷砖等新工艺，以及铁艺制品、陶艺制品等装饰品综合运用于室内。

现代简约风格的软装设计，并不等于“简单+节约”，实际上，它十分讲究材料的质地和室内空间的通透哲学。一般来说，在现代简约的室内装饰中，墙地面、天花、家具陈设、灯具器皿等呈现出简洁的造型、纯洁的质地、精细的工艺特征，尽可能取消多余的东西甚至不用装饰。对于现代简约来说，任何复杂的设计、没有实用价值的特殊部件及任何装饰都会增加造价，形式应更多地服务于功能。家具和日用品多采用直线造型，玻璃金属也常被使用。同时，现代简约的设计风格十分重视室内外的沟

赖特的流水别墅

通，通过赋予软装和家具的自然主题，从而给室内装饰艺术引入新意。

现代简约的设计风格遵循“少即是多（Less is More）”的原则，以几何线条修饰建筑体，色彩明快跳跃，外立面简洁流畅，以波浪、架廊式挑板或装饰线、带、块等异型屋顶为特征，立面立体层次感较强，设置外飘窗台、外挑阳台或内置阳台，合理运用色块色带处理。它以体现时代特征为主，没有过分的装饰，一切从功能出发，讲究造型比例适度、空间结构明确美观，强调外观的简洁明快。同时在家具设计方面，要突出强调功能性设计，线条简约流畅，色彩对比强烈。与之相匹配的是，配饰采用线条简单却独特的设计，极富创意和个性的饰品成为了现代简约风格空间中的处理手法。

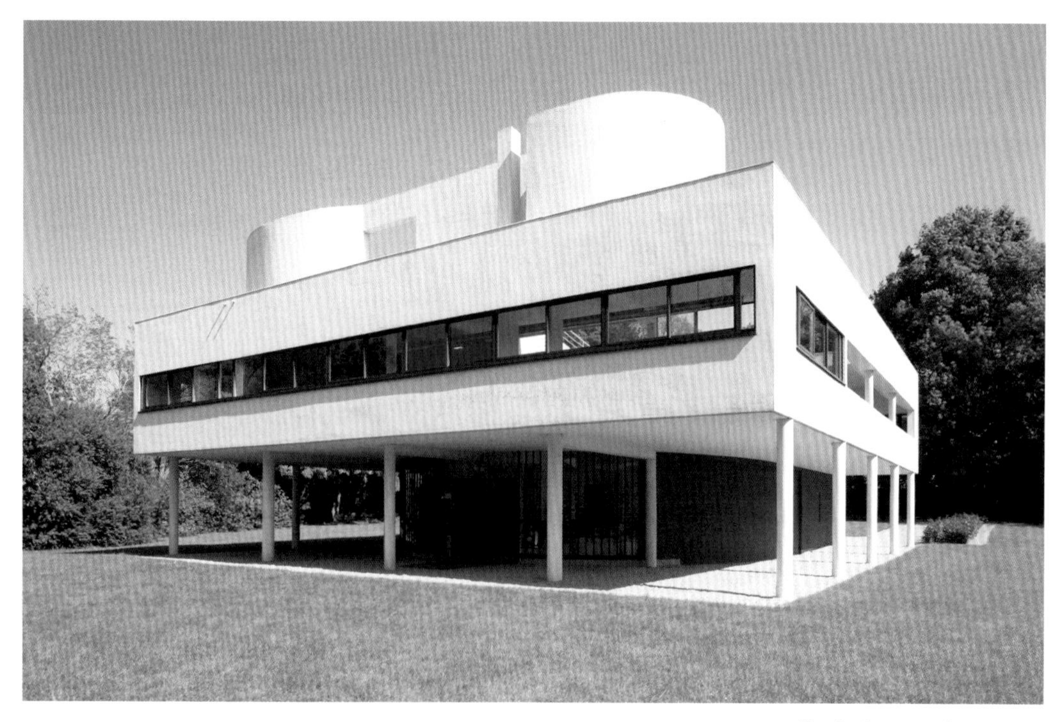

勒·柯布西耶的萨沃伊别墅

08 个性自由与多元复杂的后现代主义

“后现代主义——以复杂性和矛盾性洗刷现代主义的简洁单一，追求个性自由，多元发展。”

“人事有代谢，往来成古今。”现代主义风格引领设计潮流近一个世纪，从威廉·莫里斯为“红屋”设计的家具到麦金托什设计的直背餐椅，从赖特的流水别墅到格罗佩斯的包豪斯校舍，甚至勒·柯布西耶的萨沃伊别墅，都充分体现了现代主义的设计风格。然而，在完成它特定的使命后，现代主义走下了历史的神坛，后现代主义（Postmodernism）成为了设计的主流。

超现实主义艺术作品

波普艺术作品

在家具设计方面，后现代主义家具突破了传统家具的繁琐和现代家具的单一局限，将现代与古典、抽象与细致、简单与繁琐等风格巧妙组合成一体。如果要总结后现代主义的建筑与装饰设计风格，注重个性自由并多元复杂恐怕是其最大的特点。

后现代主义主张继承历史文化传统，强调设计的历史脉络，在世纪末怀旧思潮的影响下，后现代主义将传统的典雅与现代的新颖相融合，创造出集传统与现代、融古典与时尚于一体的大众设计。然而，后现代主义又以其复杂性和矛盾性来替换现代主义的简洁性、单一性。它采用非传统的混合、叠加等设计手段，以模棱两可的紧张感取代陈直不误的清晰感，以非此非彼、亦此亦彼的杂乱取代明确统一。在艺术风格上，它主张多元化的统一。

结语

原来，从古至今，不论中外，软装就在我们身边，一直没有离开过。

从旧石器时期茹毛饮血野蛮狩猎的“武器软装”，到唐宋五代诗情画意的“温柔软装”，再到明清时期愈发成熟的室内软装陈设体系，软装就藏在与我们息息相关的生活之中；从古希腊罗马的杀戮战场到文艺复兴的艺术盛世，从黑暗中世纪的神权至上到人性复苏甚至个性多元唱主旋律的现代主义，软装随时随地都在我们生活之中。

所谓生活就是设计，设计就是生活。我们说的软装原型、性格软装、五觉软装，通通来自于生活。你找到了吗？

后记

软装的力量

在你的设计人生道路上，在这跌宕起伏的市场当中，在这精彩纷呈的设计领域里，你是否需要朋友或者战友，跟你一起奋斗呢？而谁才是你最忠实的朋友呢？我们衷心希望，《成就软装大师》这本书能成为广大室内设计师的朋友。

如果说，这是一本软装设计的秘籍，那么它已经远远超越了你之前所看到的任何一本软装教科书。因为你看到的不再是那些所谓新古典或现代简约的简单招式，还记得你翻开第一招时的情景吗？你是否惊讶地发现，所谓的风格，变化万千，要想成为软装设计高手就必须以不变应万变，成功的要素在于找到一切风格的原型，因此，你要练的并不是简单的招数，而是如何创招。

软装设计与人生、武术、用兵都有相通之处，设计的技术是次要的，经验积累和心态才是关键。因此，我们将极具文化底蕴的软装发展史娓娓道来，剖析空间与设计的关系，还把经典的、精彩的“战役”案例摆在你面前，《成就软装大师》就像一本经书，让你可以不断翻看，每次阅读都会获得新的启发，每次翻看都能得到新的答案。

当你能够领悟到这一点的时候，你已经是个入门级的高手了，甚至你已经能握起软装这把利剑，驰骋室内空间设计的沙场。

除此之外，我们还为你揭示了软装市场最实际的一面，从重塑环境氛围的灯光，到巨细无遗的物料，让你分别从宏观和微观的角度去领悟软装设计的奥秘。那么，你自然也就能比别人更加透彻地了解市场的本质，再加上几位编者传授给大家的描红范例，这踏入软装世界的第一步，该走得很稳。你若能走稳，我们一年多以来的努力，就没白费。

你看到软装的力量了吗？

《成就软装大师》编委会